高职高专土建类专业规划教材
GAOZHI GAOZHUAN TUJIANLEI ZHUANYE GUIHUA JIAOCAI

AutoCAD实训教程

晏孝才　主　编
肇承琴　毛燕红　副主编

中国电力出版社
www.cepp.com.cn

本书是《AutoCAD工程绘图》（晏孝才主编，中国电力出版社出版）的配套教材，适用于建筑及土建类相关专业，同时也兼顾机械图的绘制。作者根据长期的教学与工程设计的实践经验精心组织实训内容，不仅介绍了软件本身的基本功能（适用于 AutoCAD 2004～AutoCAD 2008 版本），更重要的是结合实例讲授了应用AutoCAD绘制建筑图、水工图和机械图的方法与技巧，能使读者在较短时间内掌握软件的基本功能，绘制并打印输出符合国家标准的工程图。

图书在版编目（CIP）数据

AutoCAD实训教程/晏孝才主编．—北京：中国电力出版社，2008.7（2013.9 重印）
高职高专土建类专业规划教材
ISBN 978-7-5083-7408-6

Ⅰ．A… Ⅱ．晏… Ⅲ．计算机辅助设计—应用软件 AutoCAD—高等学校：技术学校—教材 Ⅳ．TP391.T2

中国版本图书馆 CIP 数据核字（2008）第 083643 号

中国电力出版社出版发行
北京市东城区北京站西街 19 号 100005 http://www.cepp.com.cn
责任编辑：王晓蕾
责任印制：蔺义舟 责任校对：丁秋慧
北京丰源印刷厂印刷・各地新华书店经售
2008 年 7 月第 1 版・2013 年 9 月第 6 次印刷
787mm×1092mm 1/16・8.75 印张・219 千字
定价：22.00 元（1CD）

敬告读者
本书封底贴有防伪标签，刮开涂层可查询真伪
本书如有印装质量问题，我社发行部负责退换
版权专有 翻印必究

编委会名单

主　任　胡兴福

委　员　（按姓氏笔画排序）

王延该	卢　扬	刘　宇	安淑兰
杨晓平	李　伟	李　志	何　俊
陈松才	周无极	周连起	周道君
郑惠虹	孟小鸣	赵育红	胡玉玲
钟汉华	晏孝才	徐秀维	高军林
郭超英	崔丽萍	谢延友	樊文广

前　言

AutoCAD是美国Autodesk公司的产品，它广泛应用于机械、建筑、水利等领域，是目前最常用的计算机辅助设计（CAD）软件。AutoCAD改变了传统的设计与绘图方式，成为现代工程技术人员的重要工具和必备技能。

《AutoCAD工程绘图》与《AutoCAD实训教程》是一套讲授如何使用AutoCAD绘制工程图的基础教材，适用于建筑、水工等土建类专业，同时也兼顾机械图的绘制。本书作者是长期从事AutoCAD的教学与应用的教师，有着极其丰富的教学和工程应用的实践经验，对AutoCAD的功能、特点及其应用有较深入的理解和体会。本套教材按照“以应用为目的，以必须、够用为度”、“加强针对性和实用性”的原则，精心组织教学内容，不仅介绍了软件本身的基本功能（适合于AutoCAD 2004～AutoCAD 2008各版本），更重要的是讲授了软件在工程上的应用方法，传授了作者教学研究与工程应用的经验和技巧。全书力求图文并茂、深入浅出、层次清晰、通俗易懂，能使初学者在较短时间内学会应用AutoCAD软件绘制并打印输出符合国家标准的工程图的基本方法。

教材的实例内容涉及建筑、水工、机械图的绘制、标注与打印输出，不同专业的读者可选择性阅读。光盘文件包含练习用源文件与完成后的结果文件，还有实例的操作动画文件，供读者自学时参考。

本书由晏孝才任主编，肇承琴、毛燕红任副主编，卢玉玲、倪桂玲、张建清参编。其中实训一由湖北水利水电职业技术学院卢玉玲编写，实训二、五由沈阳农业大学高等职业技术学院肇承琴编写，实训三由九州职业技术学院张建清编写，实训四由九州职业技术学院毛燕红编写，实训六由安徽水利水电职业技术学院倪桂玲编写，实训七、八、九、十由湖北水利水电职业技术学院晏孝才编写。

限于编者水平，书中的不足或错误之处在所难免，恳请广大读者批评指正。

编　者

目　录

实训一　AutoCAD 基础

1.1　技能要点

（1）熟悉 AutoCAD 工作界面并根据需要打开或关闭工具栏。

（2）AutoCAD 命令的输入及其交互响应方法，使用 Line（直线）、Circle（圆）、Rectang（矩形）、Polygon（正多边形）命令绘制简单图形。

（3）点的输入方法本实训只要求掌握坐标输入，其他将在实训二中介绍。

（4）理解绘图环境的概念，认识两个样板文件：acadiso. dwt 和 acad. dwt。

（5）基本绘图环境的设置与图形样板文件。

1.2　实例指导

【实例 1-1】　认识 AutoCAD 工作界面

作如下操作训练：

（1）多图形窗口。启动 AutoCAD，单击“打开”按钮，显示“选择文件”对话框，如图 1-1 所示。选择图示三个文件，单击“打开”，三个图形被同时打开，但当前窗口只有一个，为了观察其他图形，常用两种方式操作：

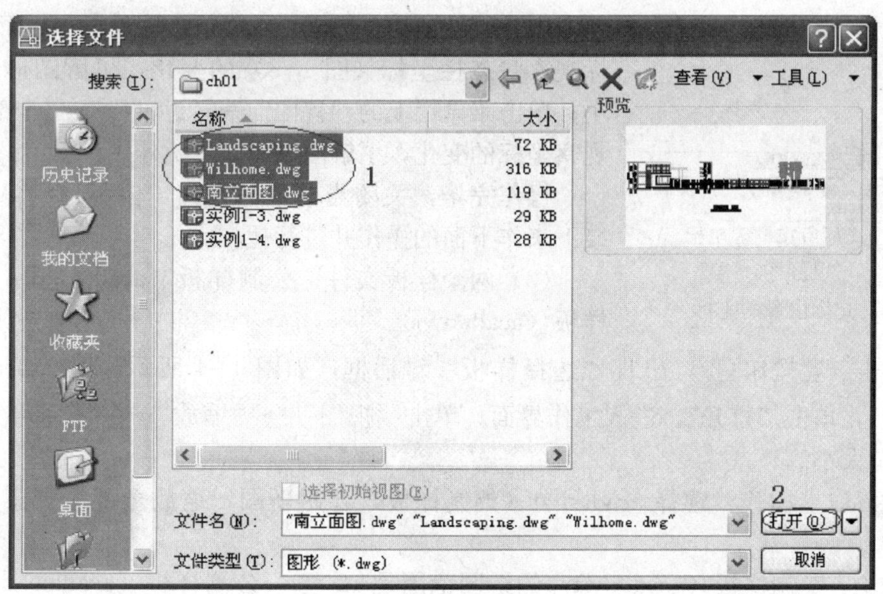

图 1-1　“选择文件”对话框

1）单击“窗口”下拉菜单，选择需要观察的图形文件，如图 1-2 所示。

2）按 Ctrl+Tab，在各图形间切换。

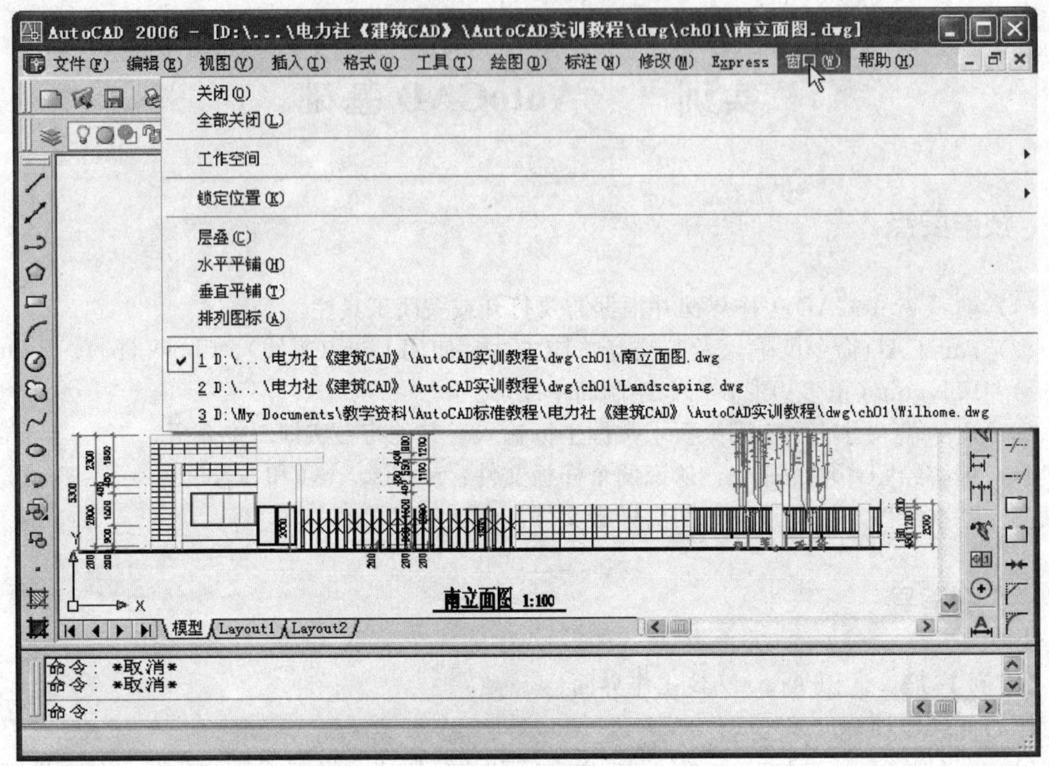

图 1-2　多文件窗口

完成以上操作后，退出 AutoCAD，提示保存图形时选择“否”。

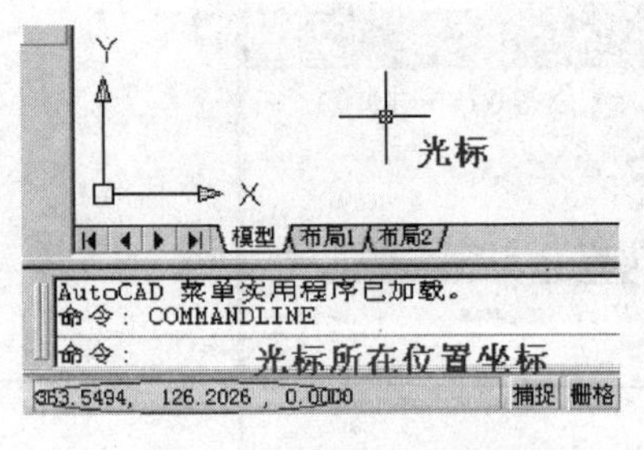

图 1-3　光标位置的坐标

(2) 绘图窗口。启动 AutoCAD 进入工作界面，移动光标观察状态栏坐标（图 1-3）的变化，了解图形窗口的大小；单击菜单栏上的“视图”→“缩放”→“全部”，再次观察坐标的变化，了解图形窗口的大小。

操作完毕，关闭当前文件窗口，但不退出 AutoCAD，接下来作下面的操作并进行比较。

(3) 两个样板文件：公制样板（acadiso. dwt）与英制样板（acad. dwt）。

1）单击新建按钮，出现“选择样板”对话框，如图 1-4 所示。选择 acadiso. dwt（公制样板），单击“打开”，进入工作界面；单击“视图”→“缩放”→“全部”命令，观察图形窗口大小。

2）重复以上操作，选择 acad. dwt（英制样板）开始新图，缩放全部后观察图形窗口大小。

3）结论：英制样板（acad. dwt）的绘图范围是 12×9，公制样板（acadiso. dwt）的绘图范围是 420×297（A3 图幅）。从桌面启动 AutoCAD 时默认使用的是公制样板。推荐使用公制样板或自定义样板，不使用英制样板。

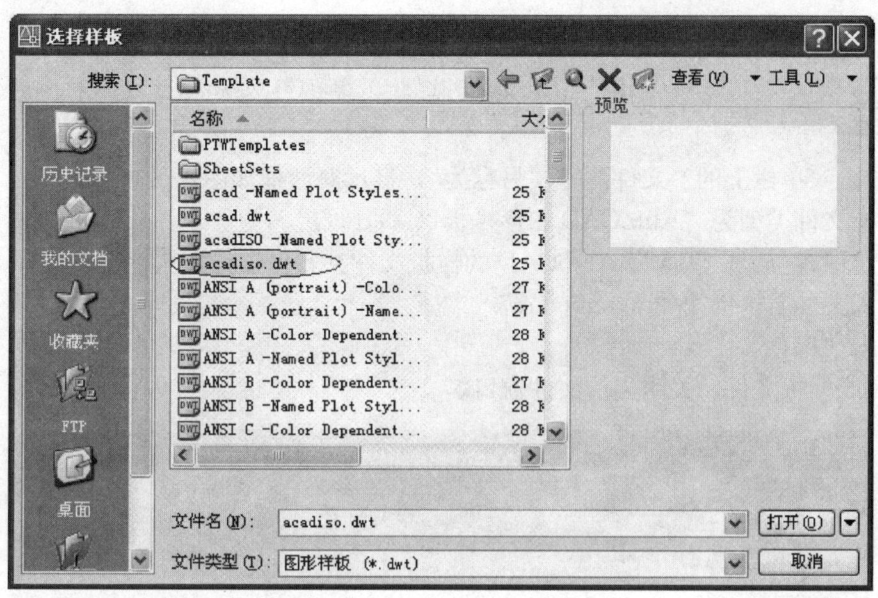

图 1-4 “选择样板”对话框

【实例 1-2】 自定义样板文件

创建一个简单的样板文件，了解样板文件的创建方法。

(1) 启动 AutoCAD 或以公制样板新建图形。

(2) 创建 3 个图层如图 1-5 所示。

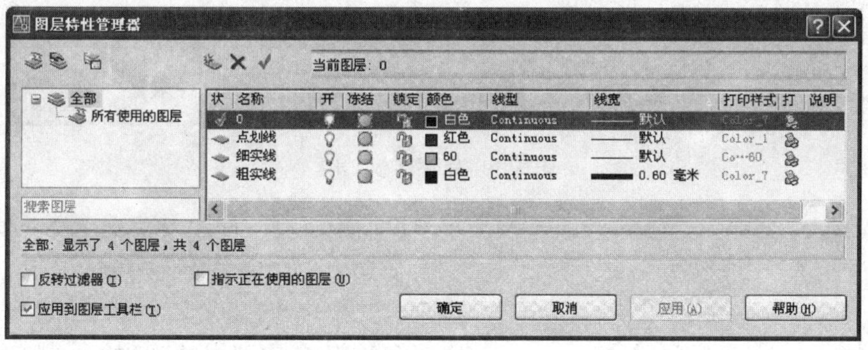

图 1-5 创建图层

(3) 设置图形界限。单击菜单栏上的“格式”→“图形界限”，按提示操作：

命令：'_limits

重新设置模型空间界限：

指定左下角点或[开(ON)/关(OFF)]＜0.0000,0.0000＞：　　;左下角设为原点

指定右上角点＜420.0000,297.0000＞：120,90　　;输入右上角坐标

以上操作设置图形界限为 120×90。

命令：Z　　;缩放全部，输入 Z 空格 A 空格

```
ZOOM
指定窗口的角点,输入比例因子(nX 或 nXP),或者
[全部(A)/中心(C)/动态(D)/范围(E)/上一个(P)/比例(S)/窗口(W)/对象(O)]<实时>:a
正在重生成模型。
```

(4) 单击菜单栏上的“文件”→“另存为”，显示对话框如图 1-6 所示。

1) 选择文件类型为“AutoCAD 图形样板（*.dwt)”。

2) 指定保存位置，默认为 AutoCAD 的样板文件夹，可以指定其他文件夹。

3) 输入文件名，例如“mytemplate”。

4) 单击“保存”。

(5) 完成样板文件，关闭当前文件窗口。

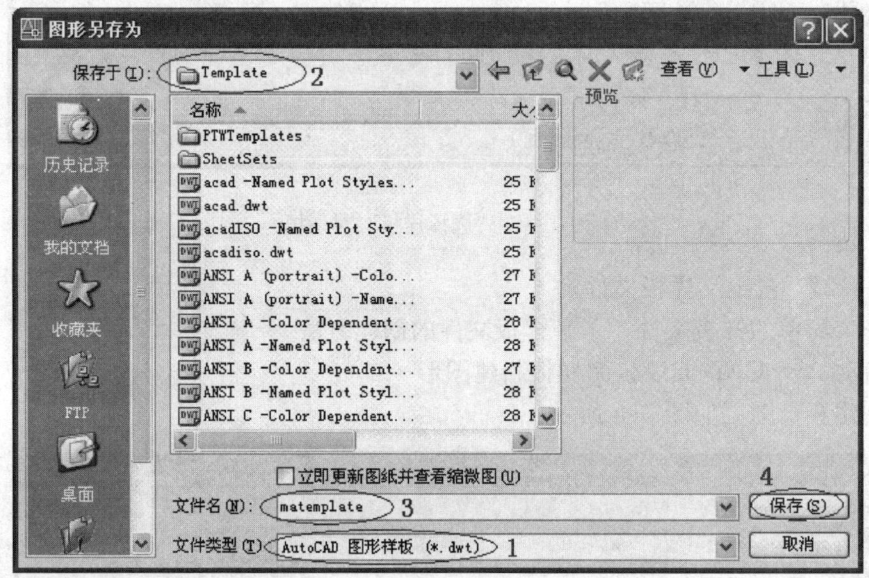

图 1-6 保存样板文件

【实例 1-3】 使用自定义样板文件

使用自定义样板文件绘制如图 1-7 所示简单图形。

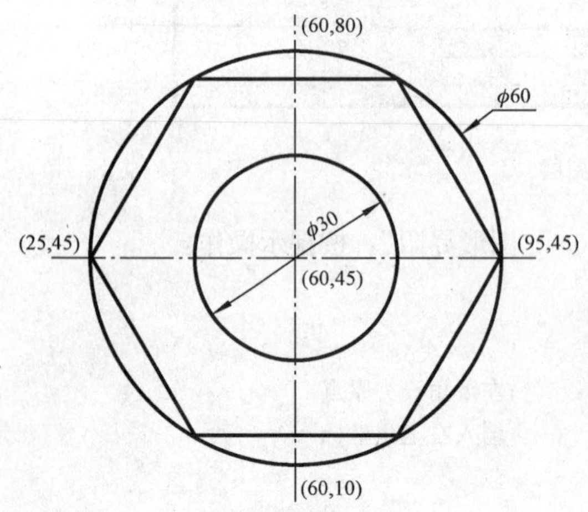

图 1-7 简单图形

(1) 以自定义样板开始绘制新图。单击“新建”按钮，显示“选择样板”对话框，浏览到以上保存样板文件位置，选择自定义样板 mytemplate.dwt，单击“打开”，如图 1-8 所示。

(2) 单击保存按钮，显示“图形另存为”对话框，如图 1-9 所示，作以下操作：

1) 选择文件的保存位置。

2) 输入文件名，例如“实例 1-3”。

3) 单击“保存”按钮。

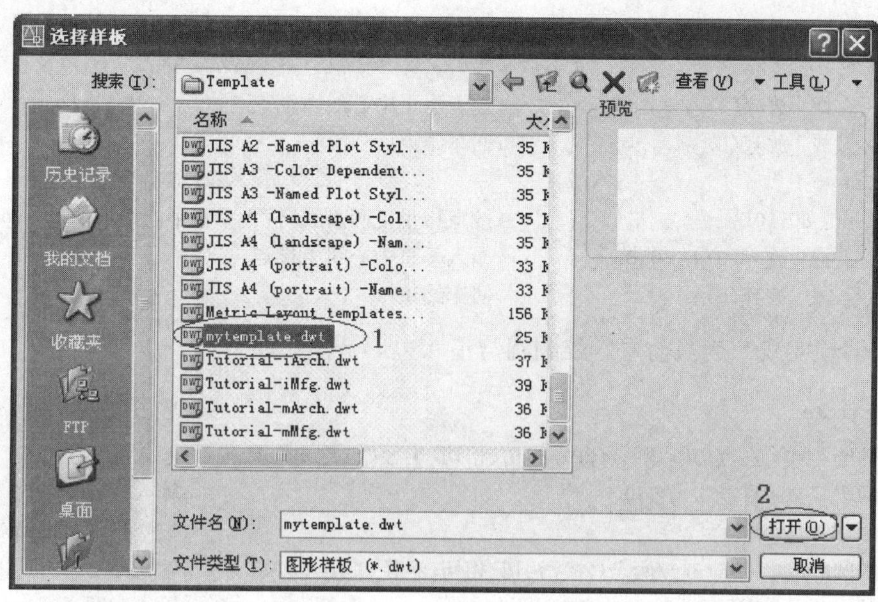

图 1-8　“选择样板”对话框

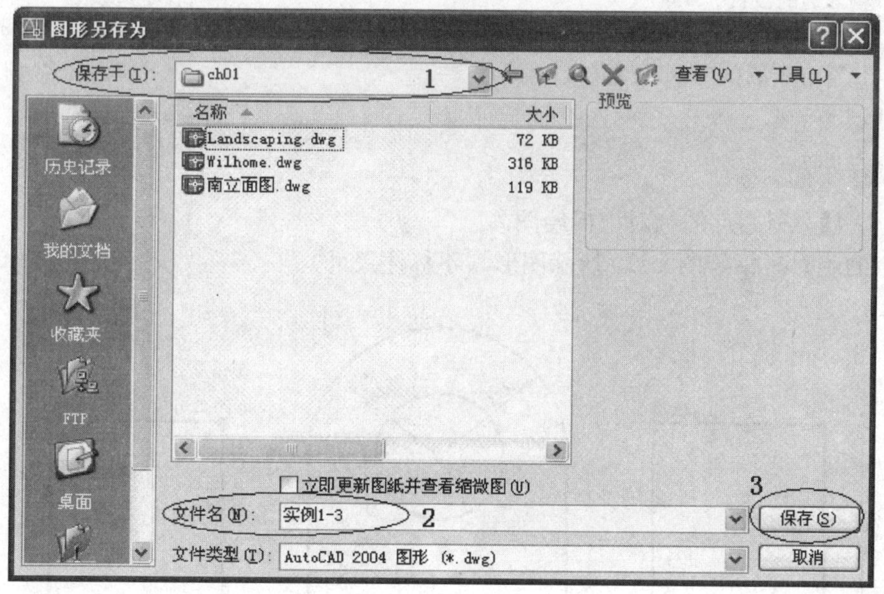

图 1-9　“图形另存为”对话框

新建图形，首先命名文件，并在设计绘图过程中不时地单击“保存”按钮，这是一个良好的操作习惯。文件首次被命名后，下次单击“保存”时将以原文件名及位置保存，而不再出现“图形另存为”对话框，如果需要换名保存，应选择“文件”→“另存为”命令。

(3) 以“点划线”为当前层，绘制中心线，操作如下：

```
命令：_line
指定第一点：25,45                        ;单击 ,输入水平中心线左端点
指定下一点或[放弃(U)]：95,45             ;输入水平中心线右端点
指定下一点或[放弃(U)]：                   ;回车结束
命令：line
指定第一点：60,10                        ;按空格重复画直线,输入垂直中心线下端点
指定下一点或[放弃(U)]：60,80             ;输入垂直中心线上端点
指定下一点或[放弃(U)]：                   ;回车结束
```

（4）以“粗实线”为当前层，绘制圆与正六边形，操作如下：

```
命令：_circle                                                ;单击 输入圆命令
指定圆的圆心或[三点(3P)/两点(2P)/相切、相切、半径(T)]：60,45      ;输入圆心坐标
指定圆的半径或[直径(D)]：30                                    ;输入大圆半径
命令：circle                                                 ;按空格重复圆命令
指定圆的圆心或[三点(3P)/两点(2P)/相切、相切、半径(T)]：60,45      ;输入圆心
指定圆的半径或[直径(D)]<30.0000>：15                           ;输入小圆半径
命令：_polygon                                               ;单击 输入正多边形命令
polygon 输入边的数目 <4>：6                                    ;指定边数
指定正多边形的中心点或[边(E)]：60,45                            ;多边形中心点
输入选项[内接于圆(I)/外切于圆(C)]<I>：i                         ;选择画内接多边形
指定圆的半径：30                                              ;指定外接圆半径
```

（5）保存图形。

【实例 1-4】 利用点的绝对坐标绘图

利用点的绝对坐标绘图 1-10 所示图形（不标注尺寸）。

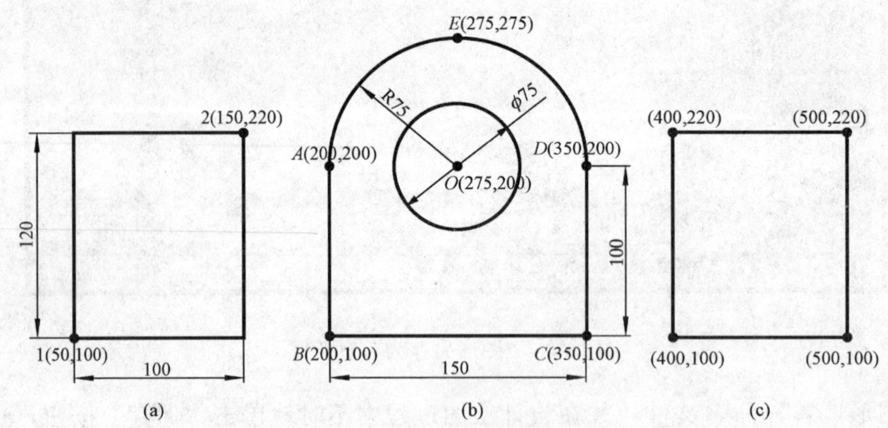

图 1-10 利用点的绝对坐标绘制图形

（1）以公制样板（acadiso. dwt）新建图形，图形命名“实例 1-4”，选择保存。

（2）设置绘图界限为 550×350，操作如下：

```
命令：_ limits                                          ;输入“图形界限”命令
重新设置模型空间界限：
指定左下角点或[开(ON)/关(OFF)]<0.0000,0.0000>：        ;回车确定左下角(0,0)
指定右上角点<420.0000,297.0000>：550,350               ;输入右上角点坐标(550,350)
命令：z zoom                                            ;缩放显示全部绘图范围
指定窗口角点,输入比例因子(nX 或 nXP),或
[全部(A)/中心点(C)/动态(D)/范围(E)/上一个(P)/比例(S)/窗口(W)]<实时>：a
正在重生成模型。
```

(3) 直线、圆、圆弧命令绘制图 1-10 (b)，操作如下：

```
命令：_line
指定第一点：200,200                              ;单击 ,输入 A 点坐标
指定下一点或[放弃(U)]：200,100                   ;输入 B 点坐标
指定下一点或[放弃(U)]：350,100                   ;输入 C 点坐标
指定下一点或[闭合(C)/放弃(U)]：350,200           ;输入 D 点坐标
指定下一点或[闭合(C)/放弃(U)]：                  ;回车,结束

命令：_circle                                                         ;单击 输入圆命令
指定圆的圆心或[三点(3P)/两点(2P)/相切、相切、半径(T)]：275,200        ;输入圆心坐标
指定圆的半径或[直径(D)]：37.5                                         ;输入圆半径值

命令：_arc                                         ;单击 输入圆弧命令,按默认三点方式作图
指定圆弧的起点或[圆心(C)]：200,200                 ;输入第一点 A 的坐标
指定圆弧的第二个点或[圆心(C)/端点(E)]：270,275     ;输入第二点 E 的坐标
指定圆弧的端点：350,200                            ;输入第三点 D 的坐标
```

(4) 矩形命令绘制图 1-10 (a)，操作如下：

```
命令：_rectang                                                              ;单击 输入矩形命令
指定第一个角点或[倒角(C)/标高(E)/圆角(F)/厚度(T)/宽度(W)]：50,100          ;输入点 1 坐标
指定另一个角点或[尺寸(D)]：150,220                                          ;输入点 2 坐标
```

(5) 直线命令绘制图 1-10 (c)，操作如下：

```
命令：_line 指定第一点：400,100                    ;单击 ,指定左下角点
指定下一点或[放弃(U)]：500,100                     ;输入右下角点
指定下一点或[放弃(U)]：500,220                     ;输入右上角点
指定下一点或[闭合(C)/放弃(U)]：400,220             ;输入左上角点
指定下一点或[闭合(C)/放弃(U)]：c                   ;闭合矩形
```

(6) 保存图形。

【实例 1-5】 几个常用键操作训练

(1) 空格键。空格键与回车键等效（文字输入除外），用键盘输入命令名、选项、参数之后按空格键即可，不必按 Enter 键。一般，操作软件时左手键盘输入，右手鼠标输入，需要回车时用大拇指敲击空格键，这样操作更加方便。另外，在“命令:”提示符下按空格键，

表示重复执行上一个命令。

按如下操作绘制图 1-11 所示图形：

命令：_polygon ;单击输入正多边形命令
polygon 输入边的数目 ＜4＞：6 ;输入数字 6 后按空格键
指定正多边形的中心点或［边(E)］：60,45 ;输入坐标按空格键
输入选项［内接于圆(I)/外切于圆(C)］＜I＞：i ;选择选项按空格键
指定圆的半径：30 ;输入半径按空格键

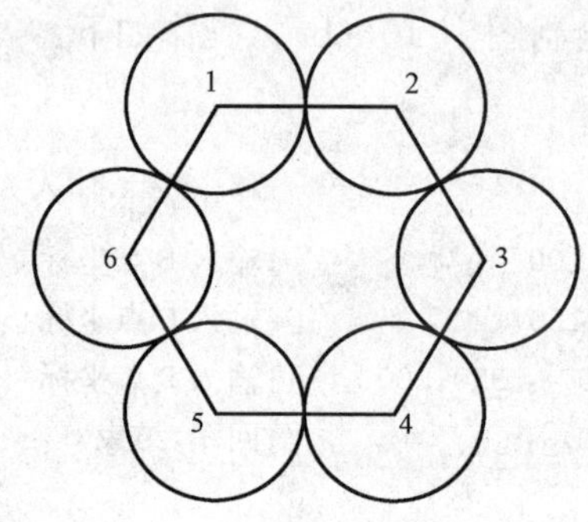

图 1-11 重复执行 circle（圆）命令绘制圆

命令：_circle ;鼠标单击
指定圆的圆心或［三点(3P)/两点(2P)/相切、相切、半径(T)］： ;光标移至点 1 单击左键
指定圆的半径或［直径(D)］：15 ;输入半径值按空格键
命令：circle ;按空格重复画圆
指定圆的圆心或［三点(3P)/两点(2P)/相切、相切、半径(T)］： ;光标移至点 2 单击左键
指定圆的半径或［直径(D)］＜15.0000＞： ;按空格接受默认值
……
命令：circle ;按空格重复画圆
指定圆的圆心或［三点(3P)/两点(2P)/相切、相切、半径(T)］： ;光标移至点 6 单击左键
指定圆的半径或［直径(D)］＜15.0000＞： ;按空格接受默认值

（2）Esc 键。常用于中止命令的执行与取消选择。一个命令没有执行完而想退出时，按 Esc 键可以中止该命令而退出命令状态，有的要按两次才能退出。使用更多的是“取消选择”，如图 1-12（a）中“变虚”的对象表示被选中（这是无命令执行而鼠标选择了对象的状态），按【Esc】即取消选中状态，如图 1-12（b）所示。

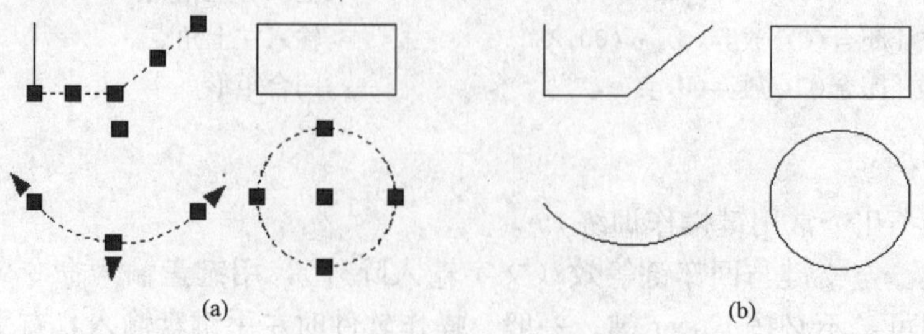

图 1-12 “取消选择”操作

（3）鼠标中键。这是一个使用频率很高的功能键，主要实现视图的缩放和平移操作。

1）按住中键移动鼠标实现视图的平移，等效于按钮。

2）滚动中键缩放视图，向上滚动放大，向下滚动缩小，等效于按钮。

3）双击中键使图形充满绘图窗口显示，等效于输入“Z 空格 E 空格”。

打开“南立面图 . dwg”文件，使用中键训练以上操作方法。图 1-13 是按住鼠标中键平移视图的操作显示。

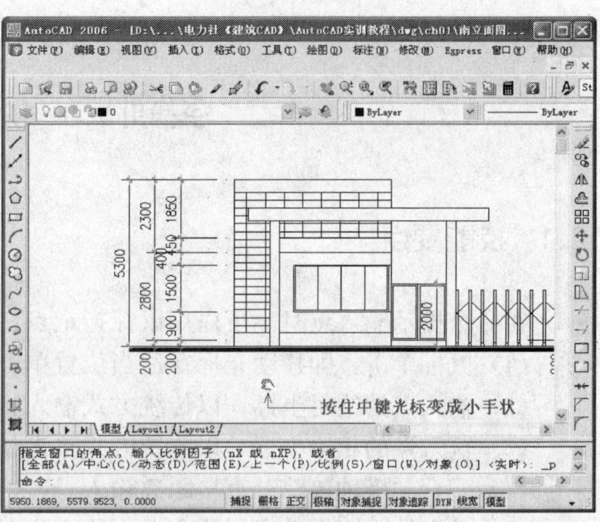

图 1-13　平移操作

1.3　自主练习

（1）自定义 A4 样板文件，要求如下：

1）设置图形界限 297×210。

2）设置图层：粗实线、细实线。

3）保存为 A4. dwt。

（2）使用 A4. dwt 绘制如图 1-14 所示图形，不标注尺寸。

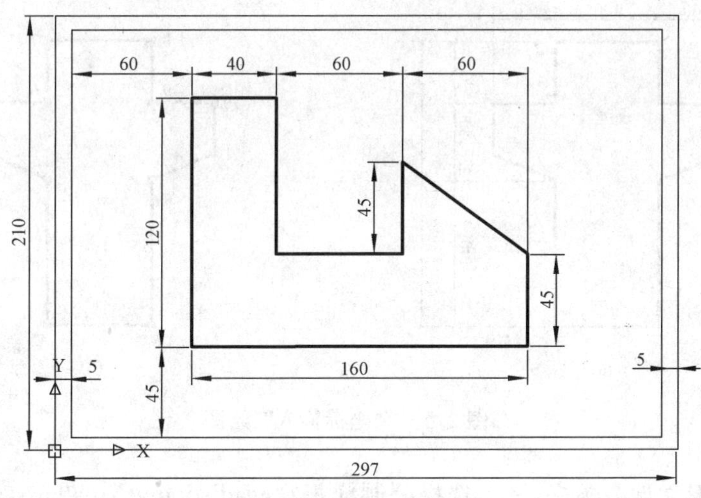

图 1-14　练习（2）图形

提示：图框左下角放置于坐标原点（0，0），再根据图示尺寸计算出各顶点坐标后绘图。

实训二　点的输入

2.1　技能要点

在命令提示输入点时，可以用鼠标指定点，也可以从键盘输入点的坐标值。

(1) 鼠标单击，即移动光标在适当位置单击鼠标左键。

(2) 输入点的绝对坐标，以传统方式输入相对于坐标原点的坐标。

(3) 输入点的相对坐标，以传统方式输入相对于上一点的坐标。

(4) 配合“极轴追踪”直接距离输入。

(5) 动态输入，在动态标注方式下输入相对坐标或绝对坐标。

(6) 利用“对象捕捉”获取对象上的位置。

(7) 利用“对象追踪”获取需要的点。

2.2　实例指导

【实例 2-1】 利用“坐标输入”绘制图形

利用“坐标输入”绘制钢筋混凝土梁的剖面轮廓，如图 2-1 (a) 所示。

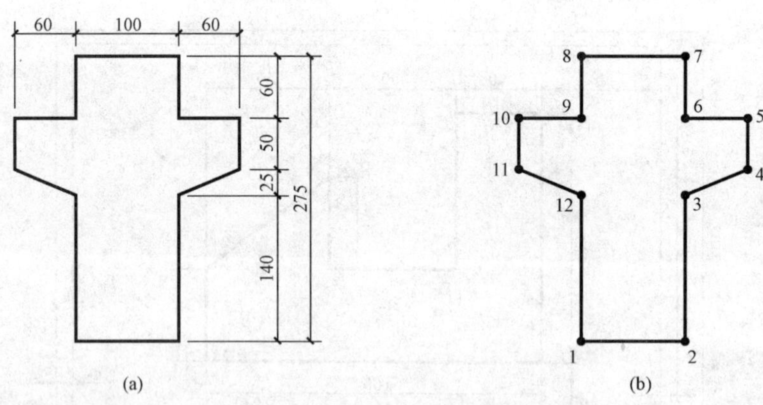

图 2-1　“坐标输入”绘图

(1) 新建图形文件。单击，选择公制样板“acadiso. dwt”；单击，将文件命名为“剖面轮廓”，开始新图。

(2) 缩放显示图形。选择菜单栏“视图”→“缩放”→“全部”（或键盘输入“Z 空格 A 空格”）。此时绘图范围大小为 A3（420×297）幅面。

(3) 绘制图形。参照图 2-1 (b)，从第 1 点开始，依次输入各点绘制直线完成闭合图形。命令操作序列如下：

```
命令：_line                                        ;单击直线命令按钮
指定第一点：                                       ;在绘图区域下方适当位置点击作为点 1
指定下一点或[放弃(U)]：100                         ;光标右移，在 0°极轴下输入 100 回车至点 2
指定下一点或[放弃(U)]：140                         ;光标上移，在 90°极轴下输入 140 回车至点 3
指定下一点或[闭合(C)/放弃(U)]：@60,25              ;输入点 4 相对点 3 的相对坐标回车
指定下一点或[闭合(C)/放弃(U)]：50                  ;光标上移，在 90°极轴下输入 50 回车至点 5
……
指定下一点或[闭合(C)/放弃(U)]：50                  ;光标下移，在 270°极轴下输入 50 回车至点 11
指定下一点或[闭合(C)/放弃(U)]：@60，-25            ;输入点 12 相对点 11 的相对坐标回车
指定下一点或[闭合(C)/放弃(U)]：c                   ;输入字母 c 回车闭合至点 1，完成图形
```

(4) 保存图形。

【实例 2-2】 利用“动态输入”绘制图形（一）

利用“动态输入”绘制如图 2-2（a）所示的图形。

绘图环境：以 acadiso. dwt 样板文件建新图，设置图形界限 200×120。

辅助工具：开启“极轴”和“DYN”（采用默认动态设置）。

点输入方式：直接距离输入、动态输入。

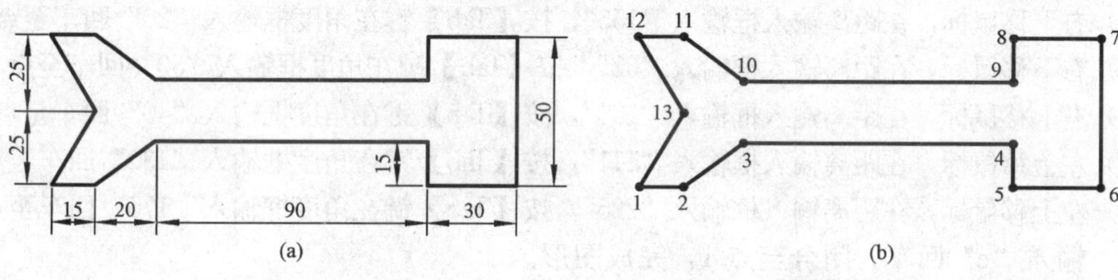

图 2-2 动态输入绘图

(1) 以公制样板“acadiso. dwt”开始新图。

(2) 设置图形界限。选择菜单栏“格式”→“图形界限”设置图形界限为 200×120，操作序列如下：

```
命令：'_limits
重新设置模型空间界限：
指定左下角点或[开(ON)/关(OFF)]<0.0000,0.0000>：           ;回车接受默认值“0,0”
指定右上角点<420.0000,297.0000>：200,120                  ;输入“200,120”回车
```

(3) 缩放显示。选择菜单栏“视图”→“缩放”→“全部”（或键盘输入“Z 空格 A 空格”）。此时绘图界面大小为 200×120。

(4) 绘制图形。

1) 输入 line 命令，在屏幕适当位置单击作为点 1。

2) 右移鼠标极轴 0°时在距离输入框输入 15 回车，至点 2。

3) 输入 20 后，再输入逗号“，”切换为相对直角坐标，在另一输入框输入 15 回车，至点 3。

4) 右移鼠标极轴 0°时在距离输入框输入 90 回车，至点 4。

5）下移鼠标极轴 270°时在距离输入框输入“15”回车，至点 5；相同方式操作至点 10。

6）输入“－20”后，再输入逗号“，”切换为相对直角坐标，在另一输入框输入“15”回车，至点 11。

7）左移鼠标极轴 180°时在距离输入框输入“10”回车，至点 12。

8）输入 15 后，再输入逗号“，”切换为相对直角坐标，在另一输入框输入“－25”回车，至点 13。

9）输入“c”回车，闭合至点 1，完成图形。

【实例 2-3】 利用“动态输入”绘制图形（二）

利用“动态输入”绘制如图 2-3 所示的浴池轮廓图形。

绘图环境：以 acadiso. dwt 样板文件建新图。

辅助工具：启用动态输入“DYN”（采用默认设置）。

点输入方式：动态输入。

（1）新建图形文件。以公制样板文件“acadiso. dwt”开始新图，并缩放显示默认图形范围。

（2）绘制图形。启用动态输入“DYN”，操作过程简述如下：

1）输入 line 命令，在屏幕适当位置单击作为点 1。

2）右下移鼠标，在距离输入框输入“155”，按【Tab】键在角度框输入“20”回车至点 2。

3）右下移鼠标，在距离输入框输入“62”，按【Tab】键在角度框输入“50”回车至点 3。

4）右上移鼠标，在距离输入框输入“156”，按【Tab】键在角度框输入“40”回车至点 4。

5）左上移鼠标，在距离输入框输入“111”，按【Tab】键在角度框输入“130”回车至点 5。

6）左上移鼠标，在距离输入框输入“225”，按【Tab】键在角度框输入“175”回车至点 6。

7）输入“c”回车，闭合至点 1，完成图形。

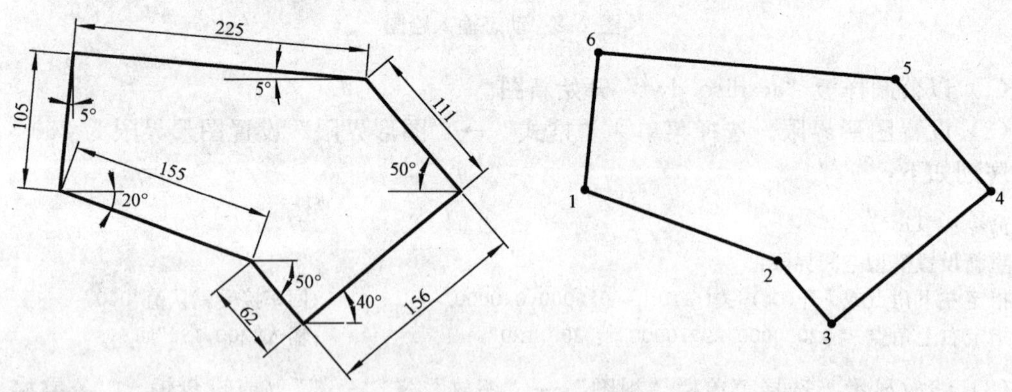

图 2-3 “动态输入”绘制浴池轮廓

【实例 2-4】 利用“捕捉自”确定点

利用“捕捉自”确定点，绘制如图 2-4 所示的邮箱标志图形。

绘图环境：以 acadiso. dwt 样板文件建新图，设置图形界限 200×120。

辅助工具：设置自动捕捉：端点、中点、交点，临时捕捉：捕捉自（fro），设置极轴增量角 45°，开启“对象追踪”。

点输入方式：直接距离输入、极轴追踪、对象捕捉、对象捕捉追踪。

(1) 直线绘制 88×88 正方形。

(2) 绘制小矩形 70×9，利用"捕捉自"功能确定点 1：

```
命令：_line                          ;单击直线命令按钮
指定第一点：fro                      ;输入"捕捉自"名"fro"回车，或单击捕捉自按钮
基点：                               ;捕捉端点 A 作为基点
<偏移>：@9,9                         ;输入点 1 对点 A 的偏移量(Δx=9、Δy=9)回车得到点 1
……                                   ;直接距离输入完成小矩形
```

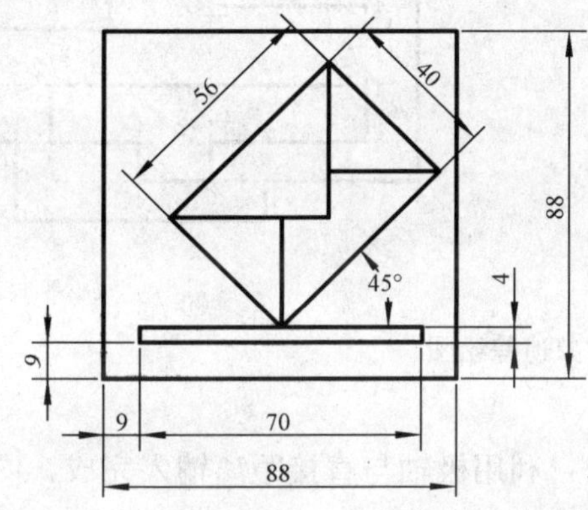

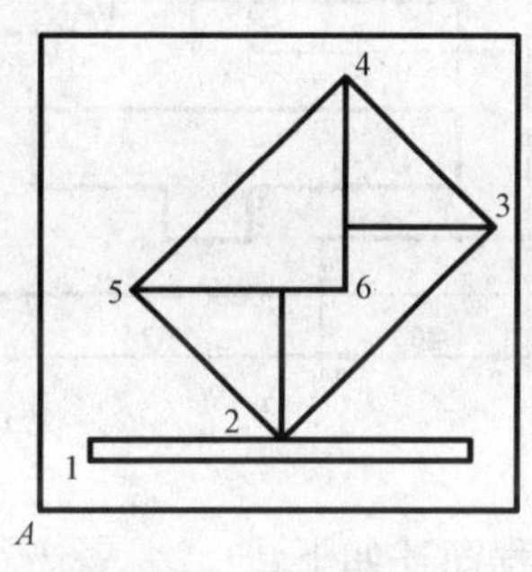

图 2-4　绘制邮箱标志图形

(3) 绘制信封矩形，操作如下：

```
命令：_line 指定第一点：                    ;激活命令，捕捉中点 2
指定下一点或[放弃(U)]：56                   ;在 45°极轴下直接输入 56 回车
指定下一点或[放弃(U)]：40                   ;在 135°极轴下直接输入 40 回车
指定下一点或[闭合(C)/放弃(U)]：56           ;在 225°极轴下直接输入 56 回车
指定下一点或[闭合(C)/放弃(U)]：c            ;闭合矩形
```

(4) 绘制信封折合线（图 2-5），操作如下：

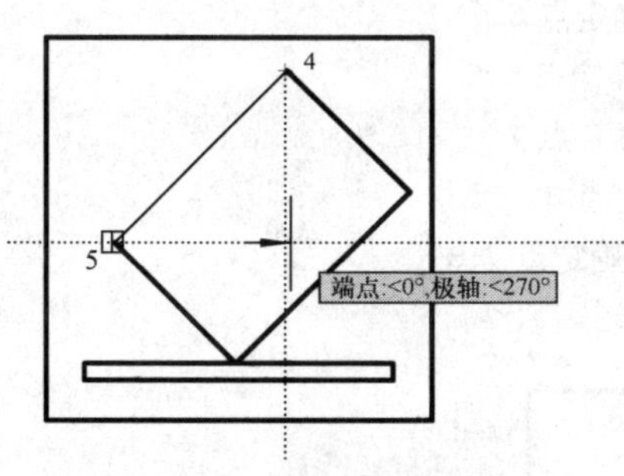

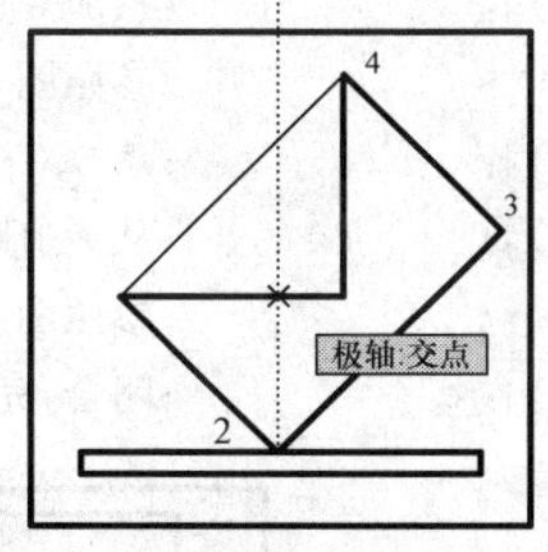

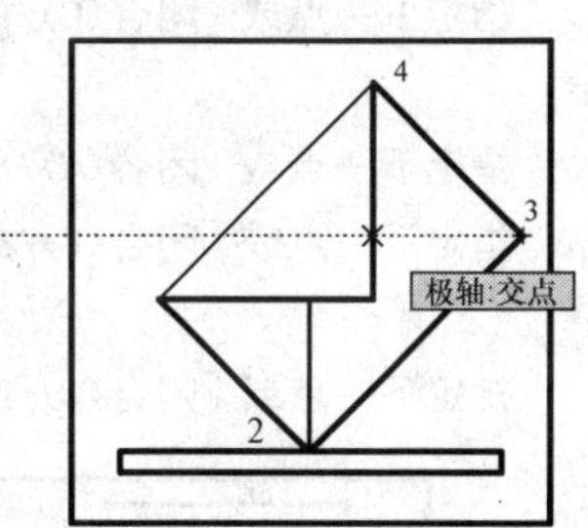

图 2-5　绘制信封折合线

```
命令：_line 指定第一点：                    ;激活命令，捕捉端点 4
指定下一点或[放弃(U)]：                     ;极轴向下，对象追踪对齐点 5，单击确定点 6
指定下一点或[放弃(U)]：                     ;捕捉端点 5
指定下一点或[闭合(C)/放弃(U)]：             ;回车结束
……
```

【实例 2-5】 利用“对象追踪”绘制图形

利用“对象追踪”绘制如图 2-6（a）所示图形。

要求：未注尺寸的轮廓与给定的 A、B、…、G 各点对齐［参照图 2-6（b)］。

绘图环境：以 acadiso.dwt 样板文件建新图，设置图形界限 120×90。

辅助工具：极轴增量角 90°，自动捕捉：端点、中点，临时捕捉：fro，对象追踪。

点输入方式：直接距离输入、极轴追踪、对象捕捉、对象捕捉追踪。

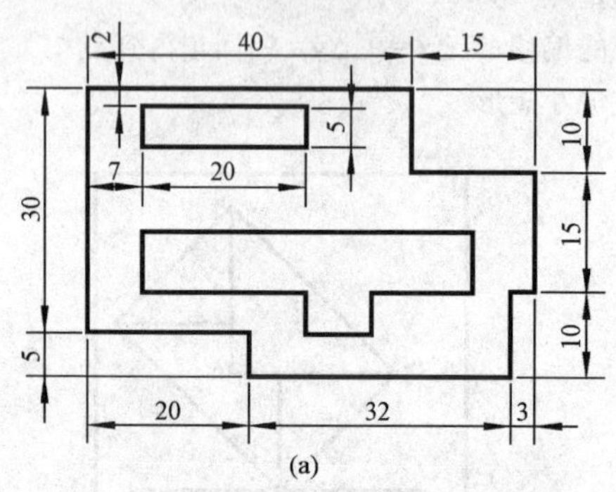

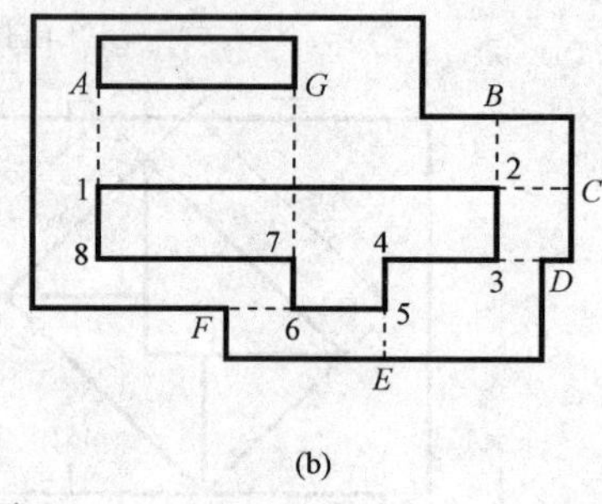

图 2-6 对象追踪绘图

操作过程简述如下：

（1）绘制已知尺寸的轮廓部分。主要方法：利用极轴与直接距离输入完成，内部的矩形 20×5 需要“捕捉自”（参照上例）确定起点。

（2）极轴追踪确定内侧多边形点 1～8，操作如下：

```
命令：_line 指定第一点：                     ;从 A、C 追踪确定点 1
指定下一点或[放弃(U)]：                      ;从 B、C 追踪确定点 2
                                             ;参照图 2-7 确定点 1、2
指定下一点或[放弃(U)]：                      ;从 D 追踪确定点 3
指定下一点或[闭合(C)/放弃(U)]：              ;从 E 追踪确定点 4
                                             ;参照图 2-8 确定点 3、4
指定下一点或[闭合(C)/放弃(U)]：              ;从 F 追踪确定点 5
指定下一点或[闭合(C)/放弃(U)]：              ;从 F、G 追踪确定点 6
                                             ;参照图 2-9 确定点 5、6
指定下一点或[闭合(C)/放弃(U)]：              ;从 D、G 追踪确定点 7
指定下一点或[闭合(C)/放弃(U)]：              ;从 A 追踪确定点 8
                                             ;参照图 2-10 确定点 7、8
指定下一点或[闭合(C)/放弃(U)]：c             ;闭合，完成图形
```

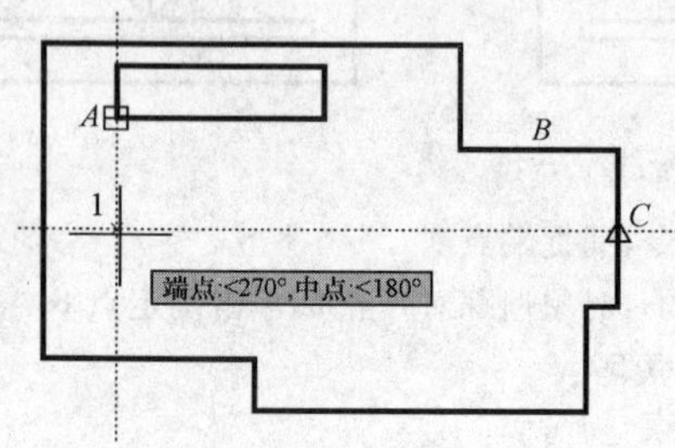

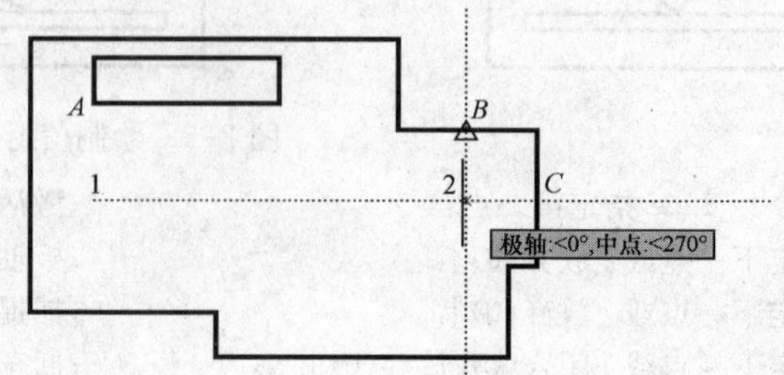

图 2-7 对象追踪确定点 1、2

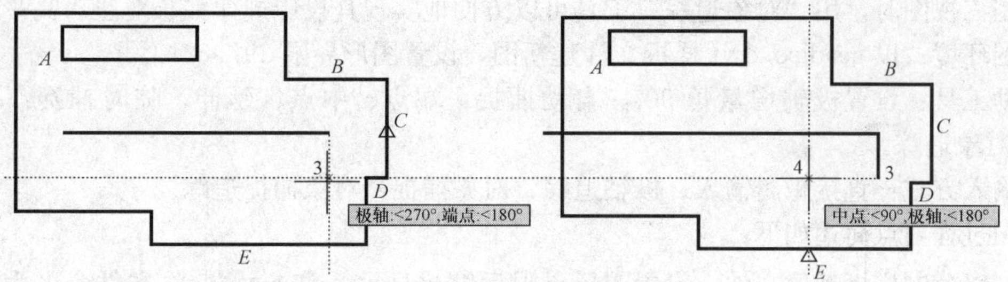

图 2-8　对象追踪确定点 3、4

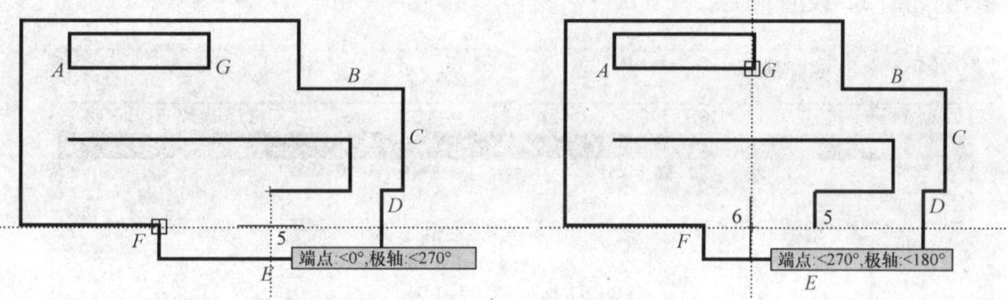

图 2-9　对象追踪确定点 5、6

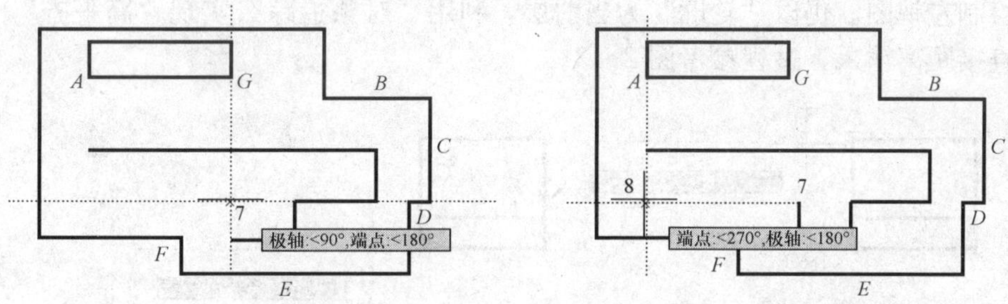

图 2-10　对象追踪确定点 7、8

【实例 2-6】　利用“对象追踪”根据轴测图绘制三视图

利用“对象追踪”根据轴测图绘制三视图，如图 2-11 所示。

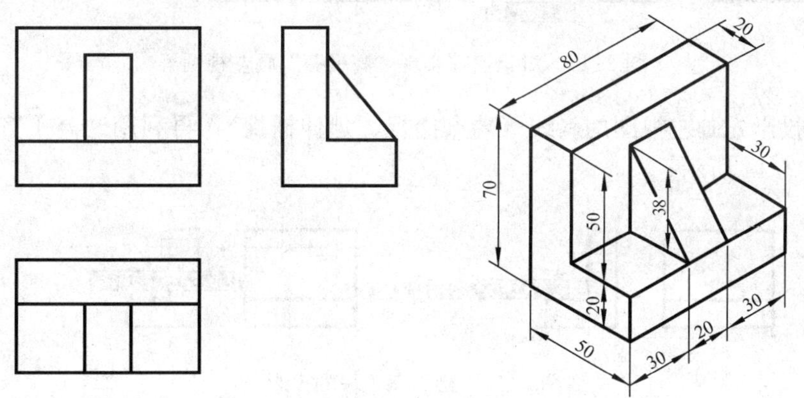

图 2-11　根据轴测图绘制三视图

绘制三视图时，用“对象追踪”工具可以方便地实现其投影规律如长对正、高平齐。

绘图环境：以 acadiso. dwt 样板文件建新图，设置图形界限 297×210。

辅助工具：设置极轴增量角 90°，自动捕捉：端点、中点、延伸，临时捕捉：捕捉自(fro)，对象追踪。

点输入方式：直接距离输入、极轴追踪、对象捕捉、对象捕捉追踪。

作图过程要点简述如下：

(1) 以公制样板新建文件，设置图形界限后缩放显示，单击[保存图标]，将文件命名为“三视图”。

(2) 参考图 2-12 设置图层。

图 2-12　图层设置

(3) 以“轮廓”为当前层，绘制主视图外轮廓。

(4) 绘制左视图。仍以“轮廓”为当前层，利用“对象追踪”实现“高平齐”，宽度尺寸则利用直接距离输入，过程参考图 2-13。

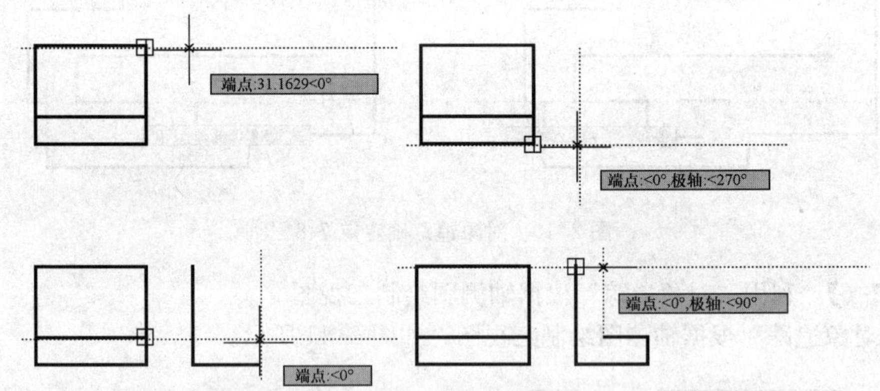

图 2-13　对象追踪实现“高平齐”画左视图

三角块的投影先画左视图的斜线（端点捕捉、延伸捕捉），再利用“高平齐”绘制其主视投影，如图 2-14 所示。

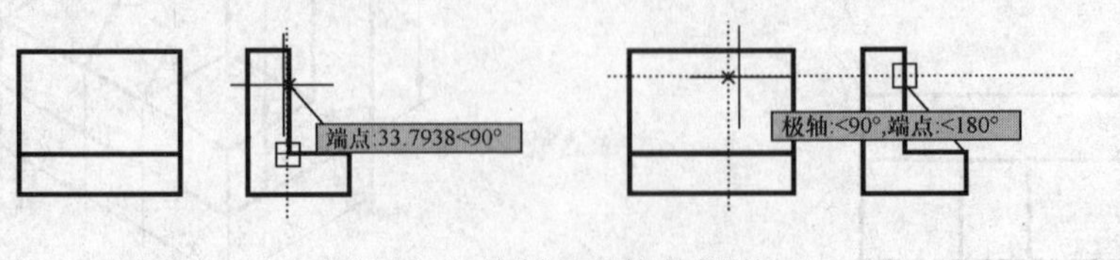

图 2-14　绘制三角块的投影

（5）绘制俯视图。利用对象追踪实现“长对正”，宽度尺寸则利用直接距离输入，过程参考图 2-15。

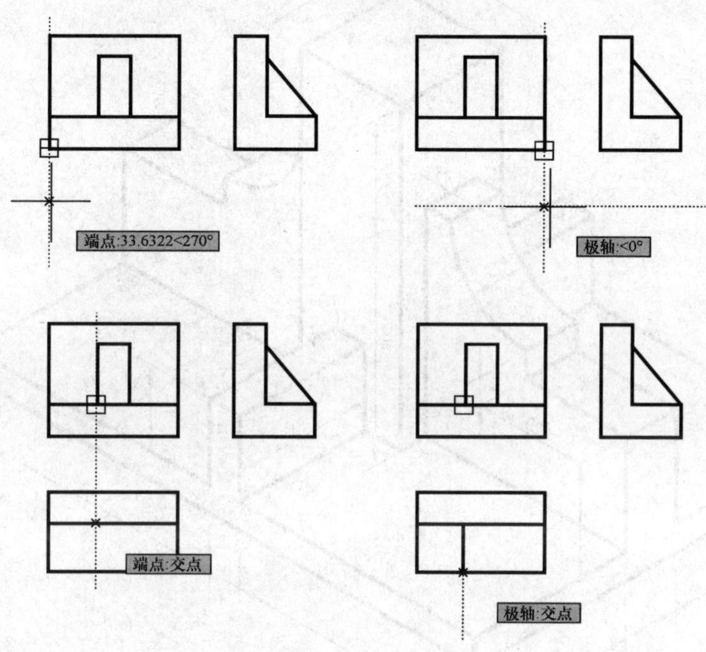

图 2-15　对象追踪实现“长对正”画俯视图

（6）保存图形。

2.3　自主练习

（1）灵活使用各种定点的输入方法，绘制图 2-16 所示的房屋立面图形。

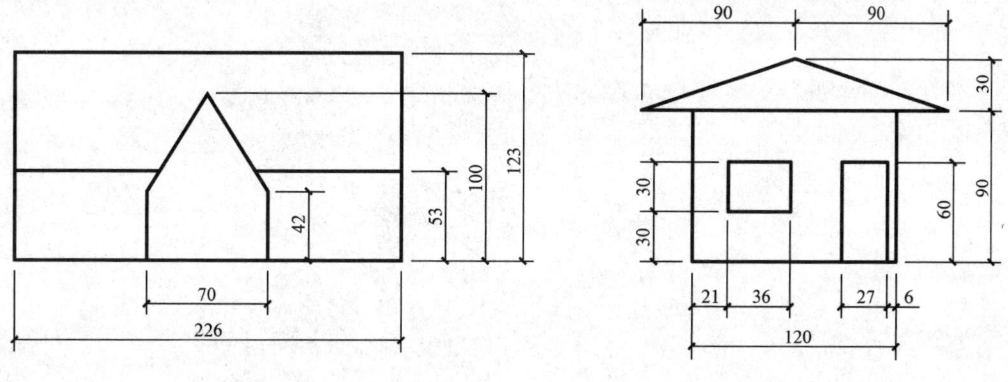

图 2-16　练习（1）图形

（2）根据图 2-17 所示轴测图，绘制其三视图。

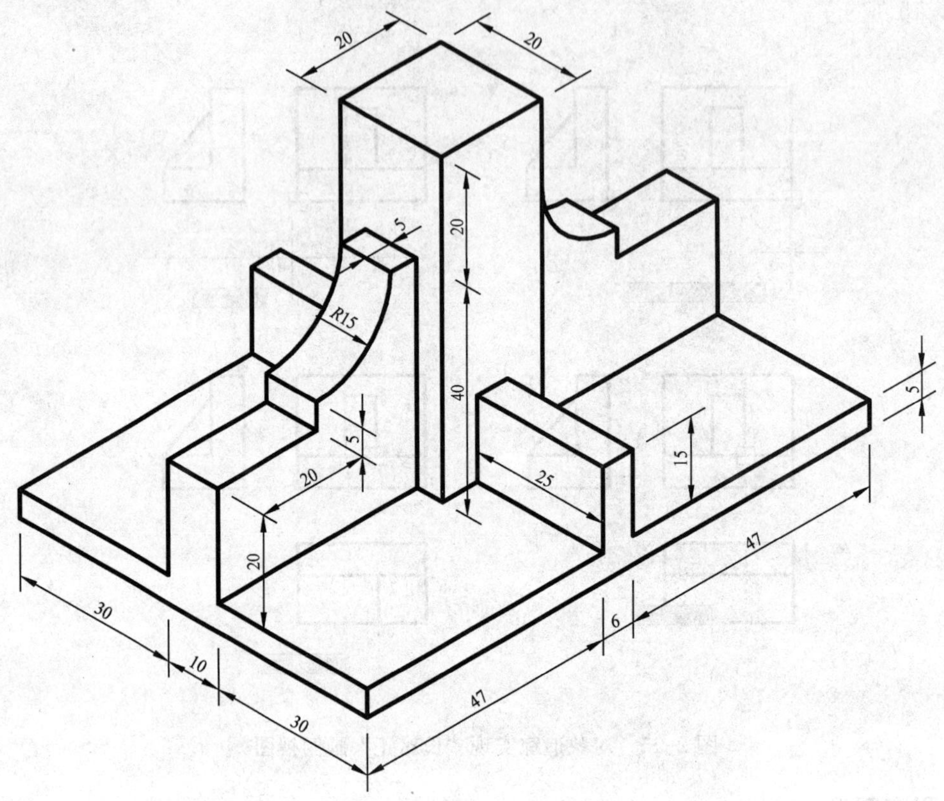

图 2-17　练习（2）图形

实训三　基本绘图命令

3.1　技能要点

使用基本绘图命令创建图形对象，本次实训技能要点如下：

(1) 创建直线类对象，包括直线、矩形、正多边形、多线等。

(2) 创建曲线类对象，包括圆（弧）、圆环、椭圆、多段线、样条曲线等。

(3) 点与等分，包括定数等分和定距等分。

(4) 图案填充，创建剖面线、混凝土、钢筋混凝土材料图例。

3.2　实例指导

【实例 3-1】 绘制 A4 图框（见图 3-1）

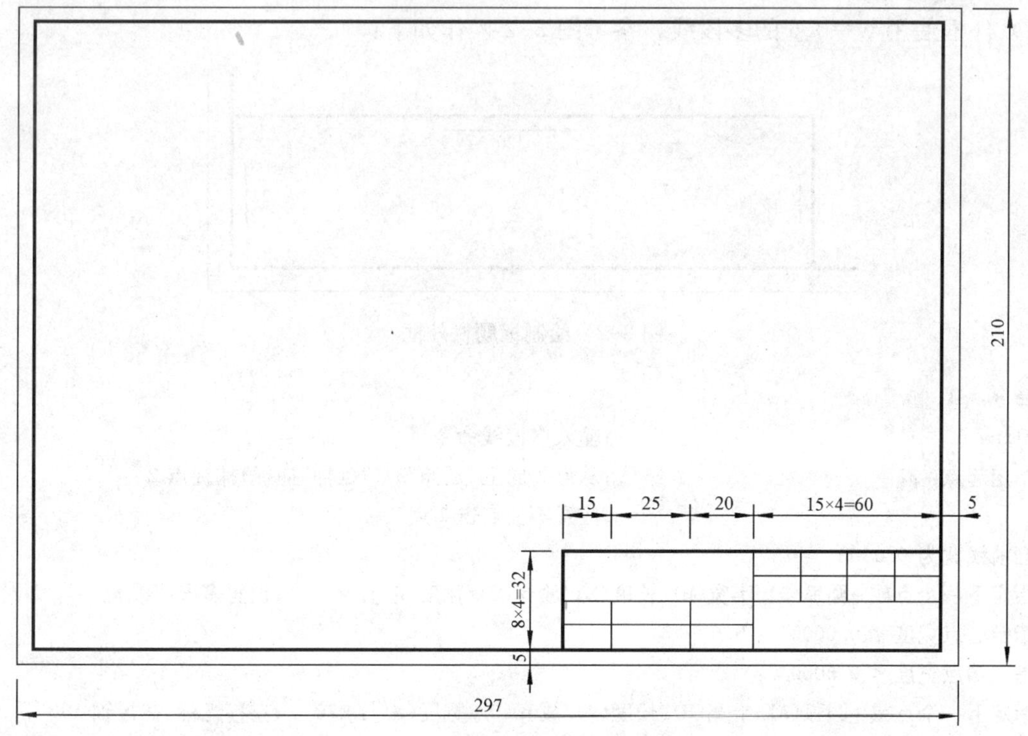

图 3-1　A4 图框

命令训练：Line（直线）、Pline（多段线）、Rectang（矩形）。

使用辅助工具：极轴、对象捕捉、对象追踪。

(1) 单击，选择公制样板文件“acadiso. dwt”新建文件，单击按钮，将文件命名为“A4”，开始新图。

(2) 缩放图形。选择菜单栏“视图”→“缩放”→“全部”(或键盘输入“Z 空格 A 空格”)。

(3) 绘制图框。使用矩形命令在 0 层绘制，图框左下角置于原点，以绝对坐标确定顶点位置，命令操作序列如下：

```
命令：rec
rectang                                                        ;输入矩形命令
指定第一个角点或[倒角(C)/标高(E)/圆角(F)/厚度(T)/宽度(W)]：w    ;设置矩形线宽为 0.25
指定矩形的线宽 <0.0000>：0.25
指定第一个角点或[倒角(C)/标高(E)/圆角(F)/厚度(T)/宽度(W)]：0,0  ;输入原点为左下角点
指定另一个角点或[尺寸(D)]：297,210                              ;输入右上角坐标
命令：rectang                                                   ;重复矩形命令
指定第一个角点或[倒角(C)/标高(E)/圆角(F)/厚度(T)/宽度(W)]：w    ;设置矩形线宽为 0.7
指定矩形的线宽 <0.2500>：0.7
指定第一个角点或[倒角(C)/标高(E)/圆角(F)/厚度(T)/宽度(W)]：5,5  ;输入左下角
指定另一个角点或[尺寸(D)]：292,205                              ;输入右上角
```

(4) 绘制标题栏。

1) 外框使用 w=0.6 的多段线，参考图 3-2 操作如下：

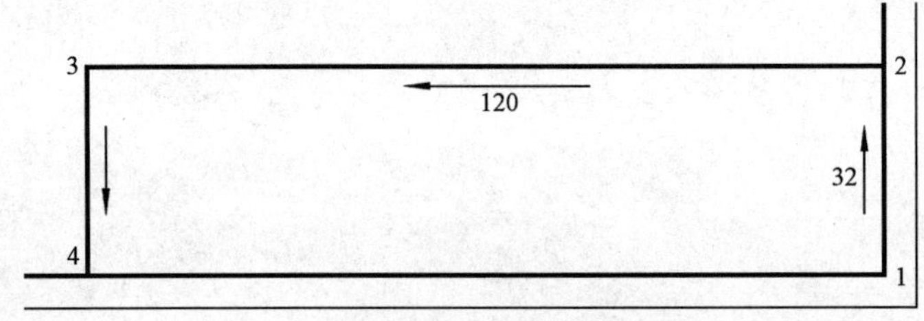

图 3-2 绘制标题栏外框

```
命令：pl
pline                                   ;输入多段线命令
指定起点：32                            ;从点 1 向上“延伸”32(“延伸”捕捉)捕捉点 2
                                        ;注意不要点击 1 点
当前线宽为 0.0000
指定下一个点或[圆弧(A)/半宽(H)/长度(L)/放弃(U)/宽度(W)]：w      ;设置多段线线宽
指定起点宽度 <0.0000>：0.6
指定端点宽度 <0.6000>：
指定下一个点或[圆弧(A)/半宽(H)/长度(L)/放弃(U)/宽度(W)]：120    ;左移光标，在极轴 180°下
                                                                 ;输入直接距离 120 至点 3
指定下一点或[圆弧(A)/闭合(C)/半宽(H)/长度(L)/放弃(U)/宽度(W)]：  ;下移光标，极轴交点捕捉点 4
指定下一点或[圆弧(A)/闭合(C)/半宽(H)/长度(L)/放弃(U)/宽度(W)]：  ;回车结束
```

2) 画标题栏内分栏线。设置当前线宽 0.2，用直线命令绘制直线 56 和 78，如图 3-3 所示，命令操作序列如下：

```
命令：_line                              ;输入直线命令
指定第一点：                              ;"中点"捕捉点 5
指定下一点或[放弃(U)]：                   ;光标右移,捕捉极轴交点 6
指定下一点或[放弃(U)]：                   ;回车结束
命令：line                               ;重复直线命令
指定第一点：                              ;"中点"捕捉点 7
指定下一点或[放弃(U)]：                   ;光标下移,捕捉极轴交点 8
指定下一点或[放弃(U)]：                   ;回车结束
```

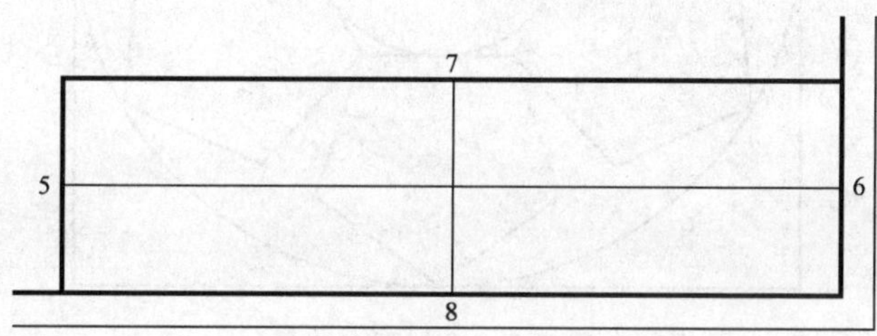

图 3-3　绘制标题栏分栏线

3）绘制标题栏分格线。当前线宽仍为 0.2，用直线命令绘制直线 ab 和 cd 等，如图 3-4 所示，命令操作序列如下：

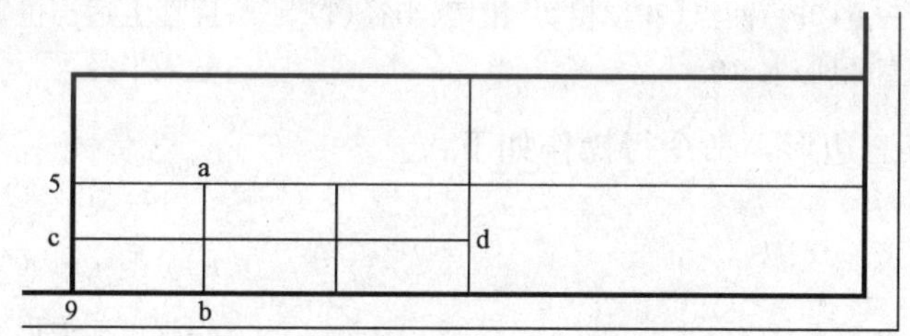

图 3-4　绘制标题栏分格线

```
命令：_line                              ;输入直线命令
指定第一点：                              ;从点 5 向右"延伸"15("延伸"捕捉)捕捉点 a
指定下一点或[放弃(U)]：                   ;光标下移,捕捉极轴交点 b
指定下一点或[放弃(U)]：                   ;回车结束
命令：line                               ;重复直线命令
指定第一点：                              ;从点 9 向上"延伸"8("延伸"捕捉)捕捉点 c
指定下一点或[放弃(U)]：                   ;光标右移,捕捉极轴交点 d
指定下一点或[放弃(U)]：                   ;回车结束
……                                       ;相同方法绘制其他分格线
```

（5）双击鼠标中键使图形最大化显示，保存图形文件 A4. dwg。

【实例 3-2】 绘制正多边形组成的图形（见图 3-5）

命令训练：Circle（圆）、Polygon（正多边形）

辅助工具：极轴、对象捕捉。

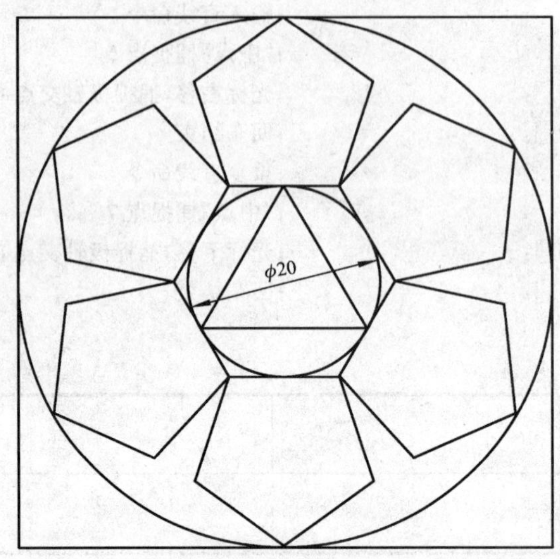

图 3-5 绘制正多边形

(1)“圆心、半径”方式绘制 ϕ20 的圆，命令行操作如下：

命令：c

circle ;输入圆命令

指定圆的圆心或［三点(3P)/两点(2P)/相切、相切、半径(T)］： ;屏幕上适当位置点击，确定圆心

指定圆的半径或［直径(D)］：10 ;输入半径

(2) 作圆内接正三边形，命令行操作如下：

命令：pol

polygon ;输入多边形命令

输入边的数目 <4>：3 ;绘制正三边形

指定正多边形的中心点或［边(E)］： ;捕捉 R10 的圆心

输入选项［内接于圆(I)/外切于圆(C)］<I>： ;回车，作内接于圆的正三角形

指定圆的半径： ;上移光标，捕捉极轴与圆的交点

(3) 作圆外切正六边形，命令行操作如下：

命令：polygon

输入边的数目 <3>：6 ;绘制正六边形

指定正多边形的中心点或［边(E)］： ;捕捉 R10 的圆心

输入选项［内接于圆(I)/外切于圆(C)］<I>：c ;回车，作外切于圆的正六角形

指定圆的半径： ;上移光标，捕捉极轴与圆的交点

(4) 以已知边长作正五边形，命令行操作如下：

命令：polygon

输入边的数目 <6>：5 ;绘制正五边形

指定正多边形的中心点或［边(E)］：e ;选择“边(E)”选项

指定边的第一个端点： ;捕捉点 1

指定边的第二个端点： ;捕捉点 2，参照图 3-6

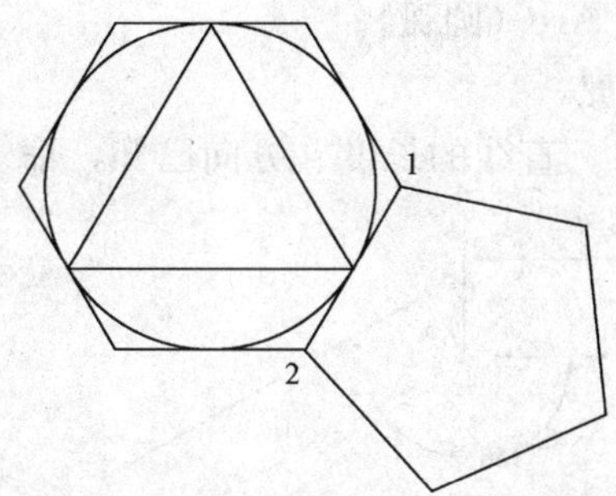

图 3-6　按已知边长绘制正多边形

(5)“三点”方式作六个正五边形的外接圆，命令行操作如下：

命令：c
circle
指定圆的圆心或［三点(3P)/两点(2P)/相切、相切、半径(T)]：3p　　;选择“三点”(3P)
指定圆上的第一个点：　　;捕捉任意三个顶点
指定圆上的第二个点：
指定圆上的第三个点：

(6) 作圆的外切正四边形，命令行操作如下：

命令：pol
polygon
输入边的数目 <5>：4　　;绘制正四边形
指定正多边形的中心点或［边(E)]：　　;捕捉圆心
输入选项［内接于圆(I)/外切于圆(C)] <C>：　　;选择“外切于圆(C)”
指定圆的半径：　　;上移光标，捕捉极轴与圆的交点

【实例 3-3】 绘制圆弧组成的图形（见图 3-7）

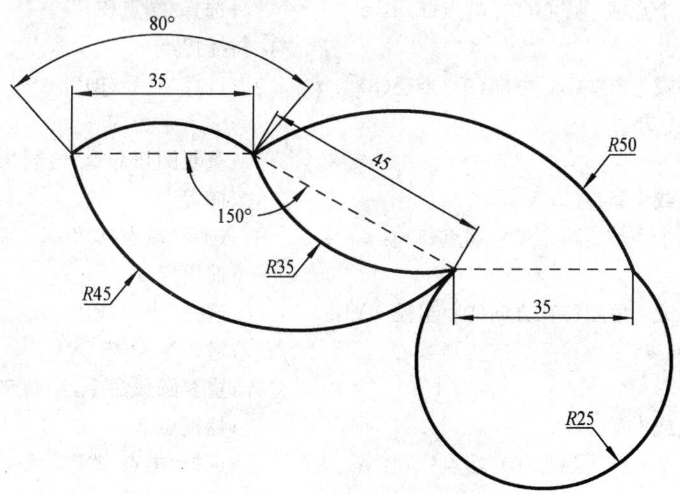

图 3-7　圆弧组成的图形

命令训练：Line（直线）、Arc（圆弧）。

辅助工具：极轴、对象捕捉。

(1) 作辅助线（见图 3-8）。直线的长度、方向已知，命令行操作如下：

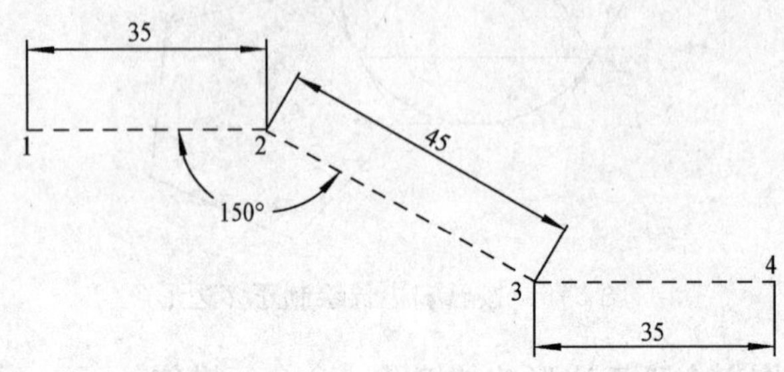

图 3-8 作辅助线

```
命令：_line 指定第一点：                          ;适当位置单击 1
指定下一点或[放弃(U)]：35                         ;水平极轴下直接距离输入至点 2
指定下一点或[放弃(U)]：@45<-30                    ;相对极坐标指定点 3
指定下一点或[闭合(C)/放弃(U)]：35                 ;水平极轴下直接距离输入至点 4
指定下一点或[闭合(C)/放弃(U)]：                   ;回车结束
```

(2) 作圆弧。命令行操作如下：

```
命令：_arc                                        ;输入命令,绘制<80°圆弧
指定圆弧的起点或[圆心(C)]：                       ;捕捉点 2
指定圆弧的第二个点或[圆心(C)/端点(E)]：e          ;选择“端点(E)”
指定圆弧的端点：                                  ;捕捉点 1
指定圆弧的圆心或[角度(A)/方向(D)/半径(R)]：a      ;选择“角度(A)”
指定包含角：80                                    ;输入圆心角 80°
命令：arc                                         ;重复圆弧命令,绘制 R35
指定圆弧的起点或[圆心(C)]：                       ;捕捉点 2
指定圆弧的第二个点或[圆心(C)/端点(E)]：e          ;选择“端点(E)”
指定圆弧的端点：                                  ;捕捉点 3
指定圆弧的圆心或[角度(A)/方向(D)/半径(R)]：r      ;选择“半径(R)”
指定圆弧的半径：35                                ;输入半径 35
命令：arc                                         ;重复圆弧命令,绘制 R45
指定圆弧的起点或[圆心(C)]：                       ;捕捉点 1
指定圆弧的第二个点或[圆心(C)/端点(E)]：e          ;选择“端点(E)”
指定圆弧的端点：                                  ;捕捉点 3
指定圆弧的圆心或[角度(A)/方向(D)/半径(R)]：r      ;选择“半径(R)”
指定圆弧的半径：45                                ;输入半径 45
命令：arc                                         ;重复圆弧命令,绘制 R25
指定圆弧的起点或[圆心(C)]：                       ;捕捉点 3
指定圆弧的第二个点或[圆心(C)/端点(E)]：e          ;选择“端点(E)”
指定圆弧的端点：                                  ;捕捉点 4
指定圆弧的圆心或[角度(A)/方向(D)/半径(R)]：r      ;选择“半径(R)”
指定圆弧的半径：-25                               ;输入半径-25(参见图 3-9)
```

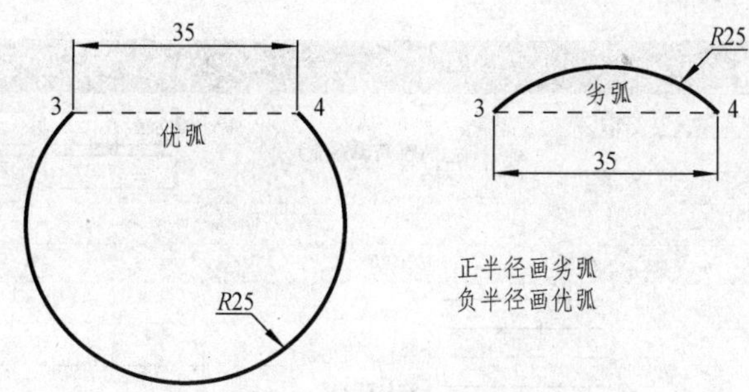

图 3-9　优弧与劣弧

```
命令：arc                                          ;重复圆弧命令,绘制 R50
指定圆弧的起点或[圆心(C)]:                          ;捕捉点 4
指定圆弧的第二个点或[圆心(C)/端点(E)]：e              ;选择“端点(E)”
指定圆弧的端点:                                     ;捕捉端点 2
指定圆弧的圆心或[角度(A)/方向(D)/半径(R)]：r          ;选择“半径(R)”
指定圆弧的半径：50                                  ;输入半径 50
```

【实例 3-4】 绘制面盆平面轮廓图（见图 3-10）

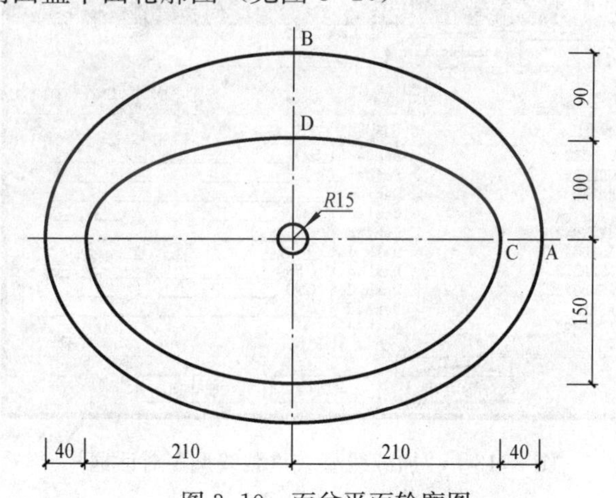

图 3-10　面盆平面轮廓图

命令训练：Line（直线）、Circle（圆）、Ellipse（椭圆、椭圆弧）。

辅助工具：极轴、对象捕捉。

（1）公制样板新建图形文件。

（2）加载点画线（Center2）。打开线型控制列表，单击“其他”（图 3-11），显示“线型管理器”对话框（图 3-12）；单击“加载”按钮，显示“加载线型”对话框（图 3-13），选择点画线（Center2），单击“确定”，返回“线型管理器”对话框；单击“显示细节”按钮，输入“全局比例因子”为 2。

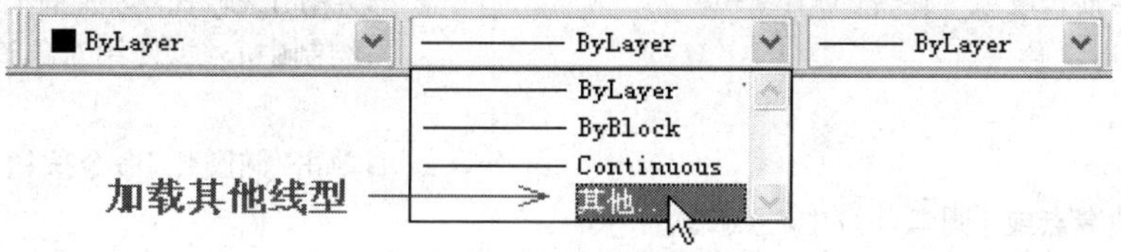

图 3-11　线型控制列表

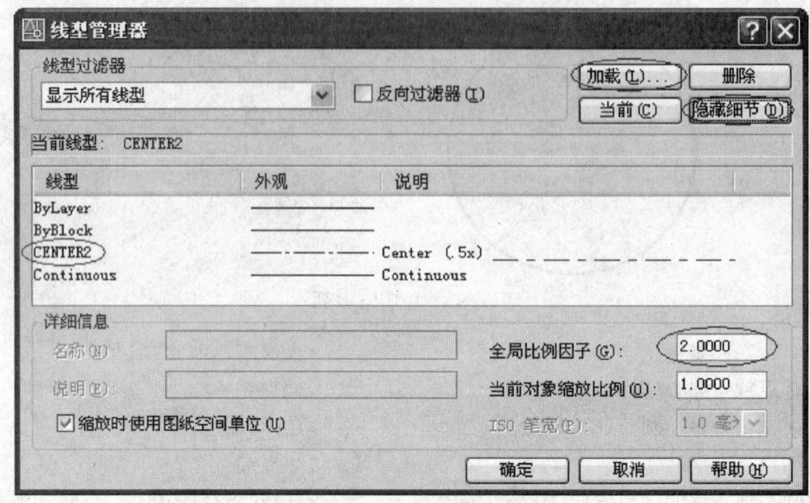

图 3-12 “线型管理器”对话框

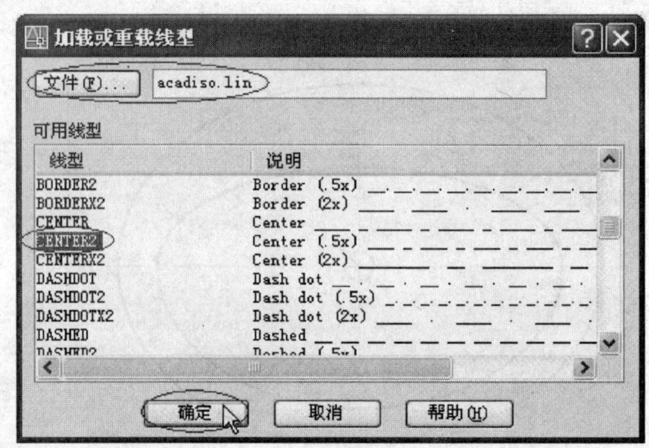

图 3-13 “加载线型或重载线型”对话框

(3) 画图。所有图线均在 0 层绘制，命令行操作如下：

命令：_circle ;先绘制 $R15$ 圆
指定圆的圆心或[三点(3P)/两点(2P)/相切、相切、半径(T)]:
指定圆的半径或[直径(D)]: 15
命令：_ellipse ;输入椭圆命令
指定椭圆的轴端点或[圆弧(A)/中心点(C)]: c ;选择“中心点(C)”
指定椭圆的中心点: ;捕捉 $R15$ 圆心作为椭圆中心
指定轴的端点: 250 ;光标右移,在 0°极轴下确定端点 A
指定另一条半轴长度或[旋转(R)]: 190 ;光标上移,在 90°极轴下确定端点 B
命令：_line 指定第一点: ;绘制中心线,使用对象追踪确定点
……
命令：_ellipse ;单击“椭圆弧”命令按钮
指定椭圆的轴端点或[圆弧(A)/中心点(C)]: _a
指定椭圆弧的轴端点或[中心点(C)]: c ;选择“中心点(C)”

```
指定椭圆弧的中心点：                                  ;捕捉 R15 圆心作为椭圆中心
指定轴的端点：210                                     ;光标右移，在 0°极轴下确定端点 C
指定另一条半轴长度或 [旋转(R)]：100                    ;光标上移，在 90°极轴下确定端点 D
指定起始角度或 [参数(P)]：0                            ;输入椭圆弧起始角 0°
指定终止角度或 [参数(P)/包含角度(I)]：180              ;输入椭圆弧终止角 180°
```

【实例 3-5】 用多线绘制建筑平面图

用多线绘制如图 3-14 所示的平面图并填充地面。

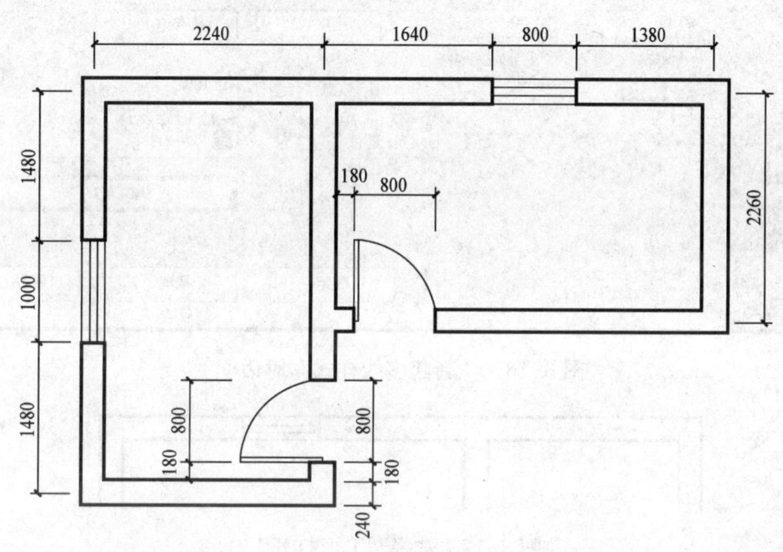

图 3-14　建筑平面图

操作要点如下：

(1) 修改 standard 默认样式。输入“格式”→“多线样式”命令，显示“多线样式”对话框，单击“修改”按钮，选择直线封口如图 3-15 所示。

(2) 新建 window 样式。单击“新建”按钮，输入多线样式名“window”，按图 3-16 添加多线元素。

(3) 设置图层。新建 wall 层绘制墙体；新建 window 层绘制窗；新建 Hatch 层用于地面图案填充。

(4) 以 standard 样式绘制墙体，设置多线比例为 240，对正方式选择“无”。

(5) 以 window 样式绘制窗，比例和对正方式同上。

(6) 编辑多线。输入“修改”→“对象”→“多线”命令，显示“编辑多线工具”对话框，选择“T 形打开”，先拾取点 1 再拾取 2，如图 3-17 所示。

(7) 填充。以 Hatch 为当前层，单击按钮，启动“图案填充和渐变色”对话框，按图 3-18 进行设置后，填充效果如图 3-19 所示。

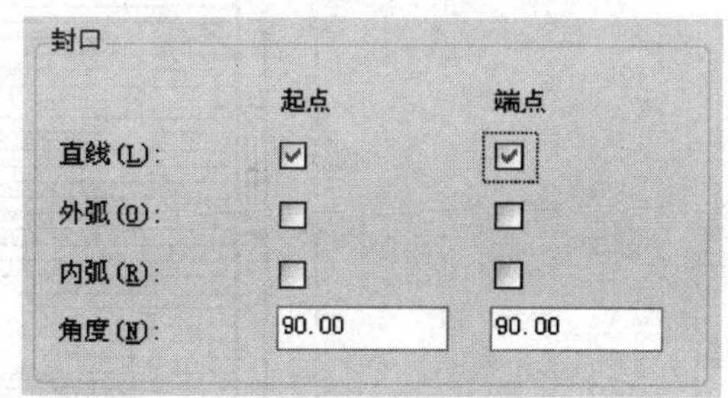

图 3-15　设置多线端部封口

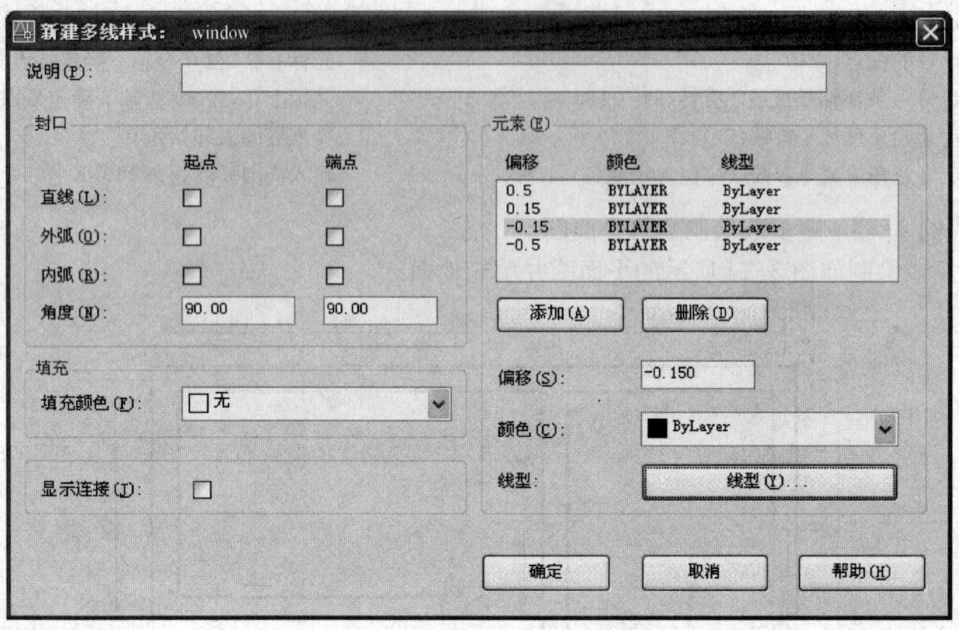

图 3-16 “新建多线样式”对话框

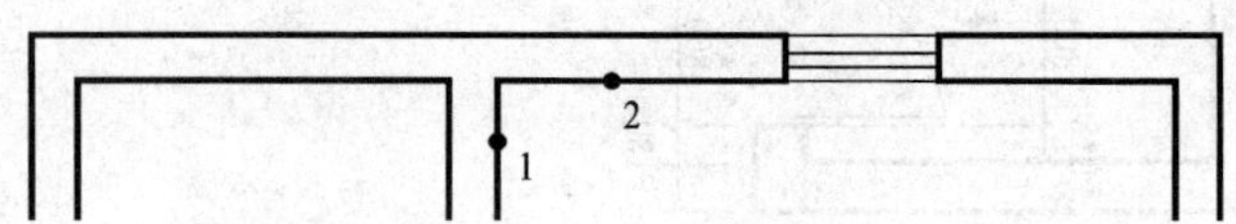

图 3-17 选择“T 形打开”

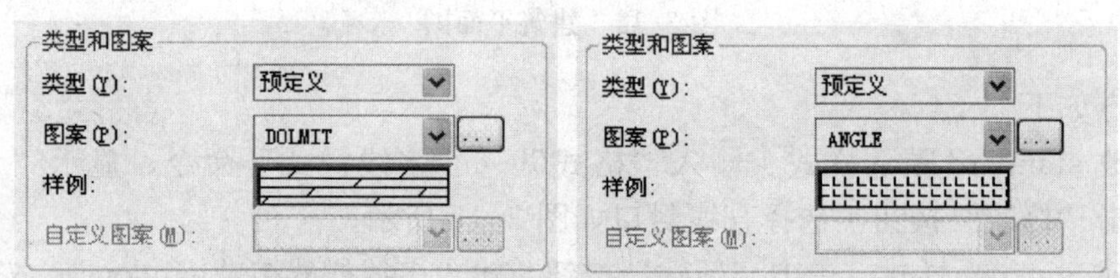

图 3-18 图案填充设置

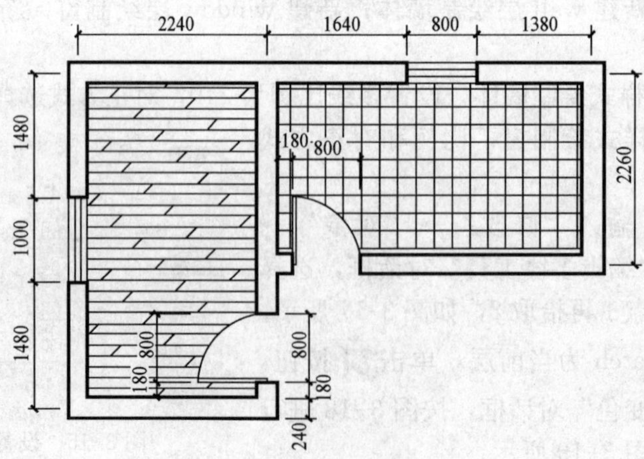

图 3-19 图案填充结果

3.3　自主练习

(1) 绘制双扇门的平面图，尺寸如图 3-20 所示。

(2) 绘制面盆平面图，尺寸如图 3-21 所示。

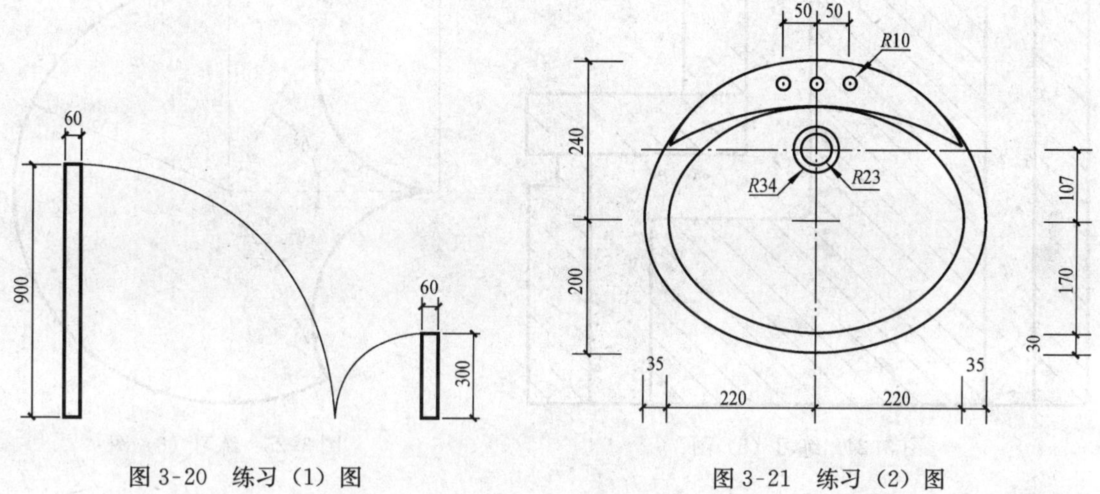

图 3-20　练习 (1) 图　　图 3-21　练习 (2) 图

(3) 绘制平面图，尺寸如图 3-22 所示。

(4) 用 Pline（多段线）命令绘制图 3-23 所示图形。

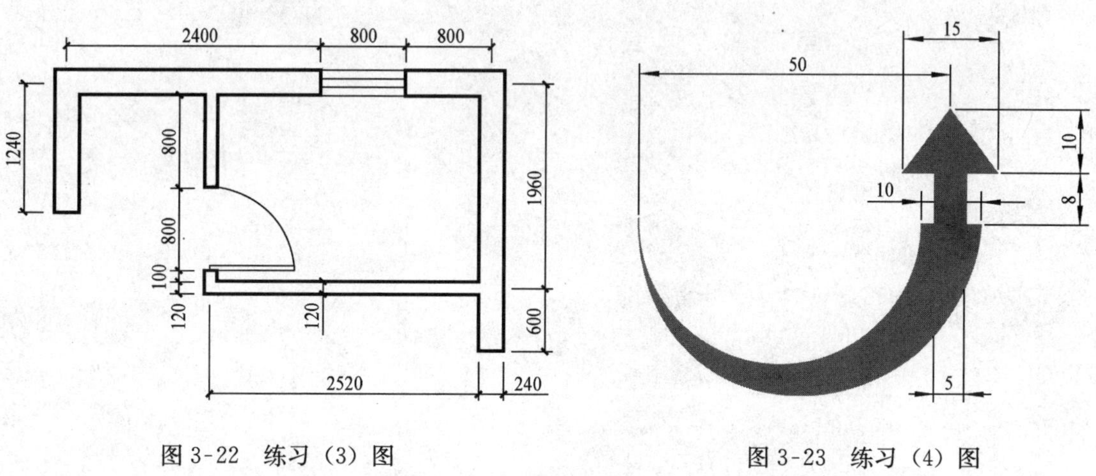

图 3-22　练习 (3) 图　　图 3-23　练习 (4) 图

(5) 打开“练习 3-5.dwg”文件，新建“Hatch”图层，参照图 3-24 作图案填充。

(6) 使用 Arc（圆弧）命令绘制如图 3-25 所示的图形。

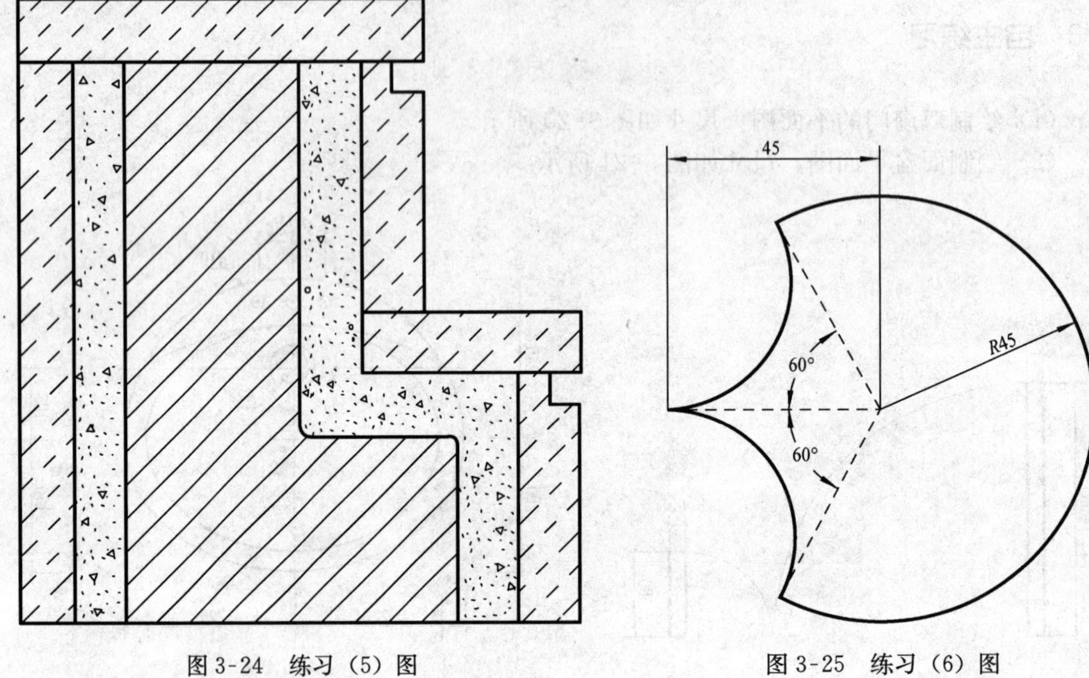

图 3-24　练习（5）图　　　　图 3-25　练习（6）图

实训四　基本编辑命令

4.1　技能要点

使用基本编辑命令编辑图形对象，本次实训技能要点如下：

（1）复制类编辑命令，包括 Copy（复制对象）、Offset（偏移）、Mirror（镜像）、Array（阵列）等。

（2）修改对象的位置和大小，包括 Move（移动）、Rotate（旋转）、Scale（缩放）、Stretch（拉伸）、Trim 修剪和 Extend 延伸等。

（3）构造图形，包括 Fillet（圆角）和 Chamfer（倒角）。

（4）使用夹点编辑对象。

4.2　实例指导

【实例 4-1】　绘制柱基础图形（见图 4-1）

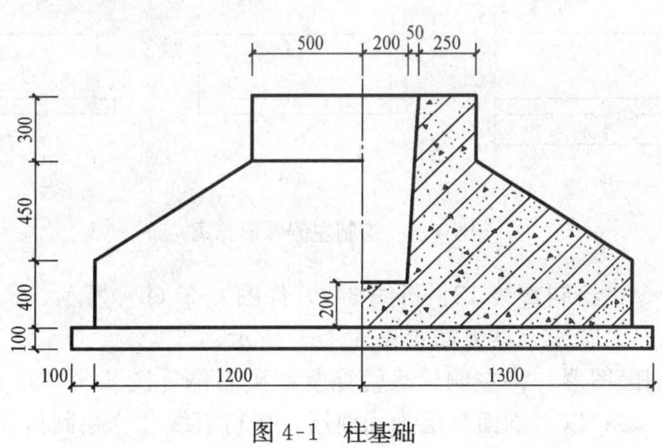

图 4-1　柱基础

操作过程如下：

（1）以公制样板（acadiso. dwt）新建文件，单击“保存”按钮，将文件命名为“基础”，开始新图。

（2）单击工具按钮，打开“图层特性管理器”，单击新建按钮，建立如图 4-2 所示图层。

（3）绘制轴线。以“轴线”层为当前层，绘制一条 1400 长度的垂直轴线。

（4）调整视图。双击鼠标中键（或输入“Z 空格 E 空格”），调整图形窗口至合适大小。输入“lts”回车，调整线型比例为 5。

（5）绘制基础左侧外轮廓图形。以“轮廓”层为当前层，使用直线、偏移、修剪等命令

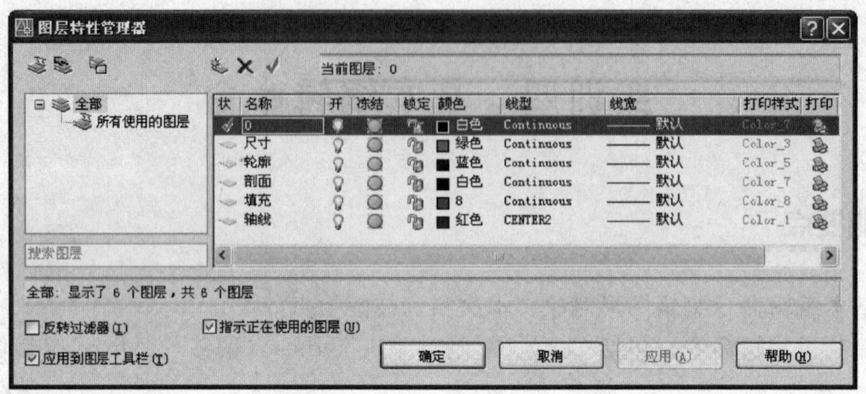

图 4-2 “图层特性管理器”对话框

完成图形，注意使用对象捕捉、对象追踪等辅助工具。

1）先绘制最下边一条1300长的直线，再使用偏移命令复制其他直线，如图 4-3（a）所示。

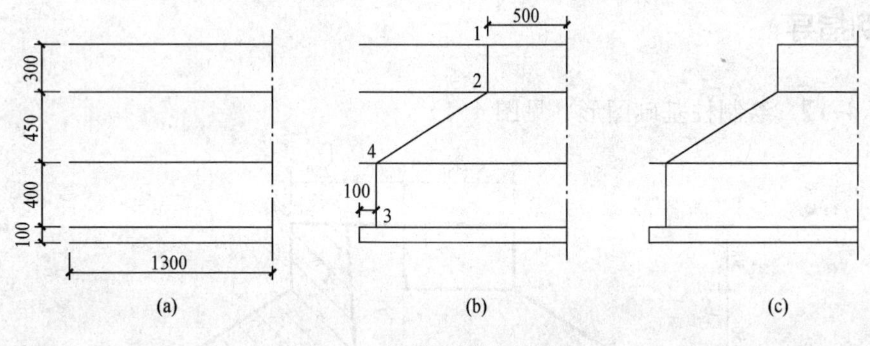

图 4-3 绘制左侧外形轮廓

2）执行直线命令，绘制直线 12、折线 342，如图 4-3（b）所示。

3）修剪、删除多余图线，结果如图 4-3（c）所示。

（6）绘制右侧剖面图形。将左侧轮廓镜像复制到右侧［图 4-4（a）］，并将镜像的右侧图线转移至“剖面”层；以“剖面”层为当前层，执行直线命令绘制折线 567，结果如图 4-4（b）所示。

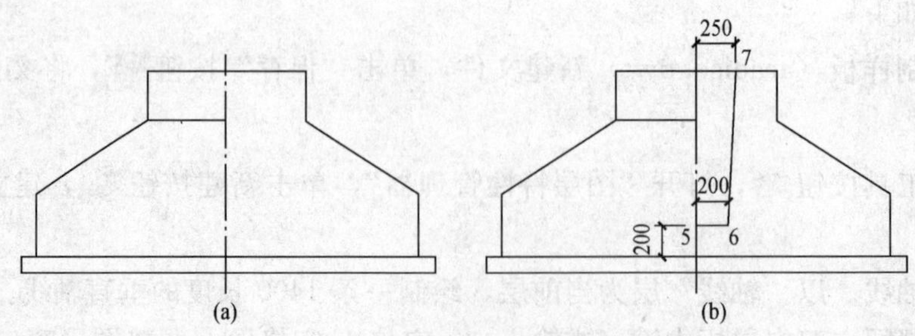

图 4-4 绘制右侧剖面轮廓

(7) 填充。混凝土图案用“AR-CONC”，钢筋用“ANSI31”图案。

1) 设置“填充”为当前图层，单击按钮，选择“其他预定义”中“AR-CONC”图案，设置比例为 1，拾取基础下部垫层部分进行填充。

2) 同样方法填充上部，上部填充为两个图案组成，首先填充混凝土，然后选择“ANSI”选项卡中的“ANSI31”，比例设为 30。

结果文件见“基础 .dwg”。

【实例 4-2】 使用偏移、修剪命令绘制图形（见图 4-5）

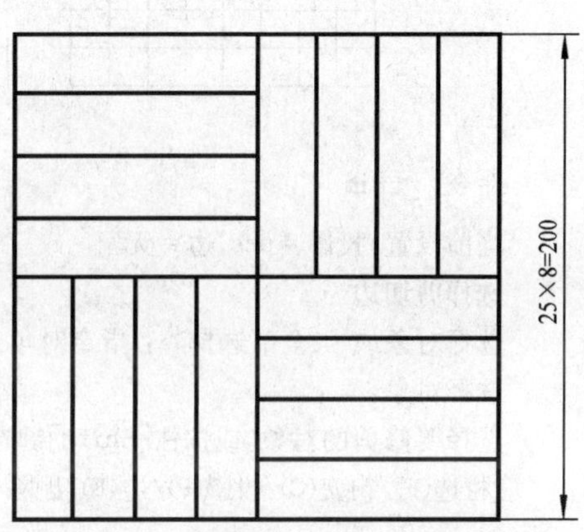

图 4-5　利用偏移、修剪绘制图形

命令训练：Line（直线）、Offset（偏移）、Trim（修剪）。

辅助工具：极轴。

操作过程如下：

(1) 新建图形。以公制样板开始新图，缩放全部范围（“视图”→“缩放”→“全部”）。

(2) 绘图。直线命令绘制两条直线：极轴下直接距离输入绘制左侧垂直线和下面水平线，长度 200。

(3) 偏移直线。以 25 的偏移距离分别偏移水平线和垂直线，如图 4-6 所示。命令行操作如下：

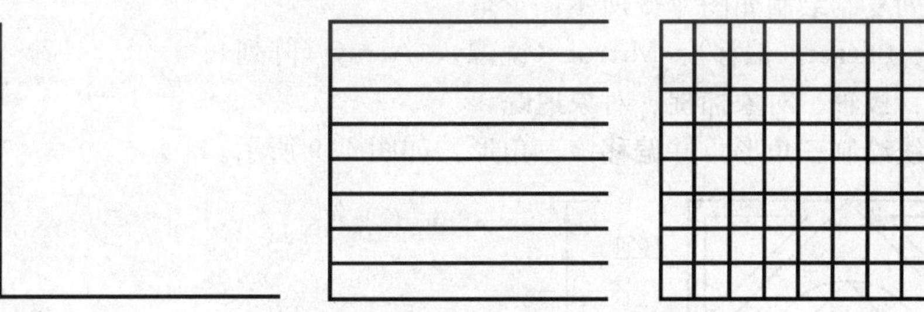
图 4-6　偏移复制水平线、垂直线

命令：_offset	;单击输入命令
当前设置：删除源 = 否 图层 = 源 OFFSETGAPTYPE = 0	
指定偏移距离或［通过(T)/删除(E)/图层(L)］<通过>：25	;输入距离
选择要偏移的对象,或［退出(E)/放弃(U)］<退出>：	;选择水平线
指定要偏移的那一侧上的点,或［退出(E)/多个(M)/放弃(U)］<退出>：	;在水平线上方单击
选择要偏移的对象,或［退出(E)/放弃(U)］<退出>：	;选择刚偏移复制的水平线
指定要偏移的那一侧上的点,或［退出(E)/多个(M)/放弃(U)］<退出>：	;在水平线上方单击
……	
选择要偏移的对象,或［退出(E)/放弃(U)］<退出>：	;选择垂直线
指定要偏移的那一侧上的点,或［退出(E)/多个(M)/放弃(U)］<退出>：	;在垂直线右侧单击
选择要偏移的对象,或［退出(E)/放弃(U)］<退出>：	;选择刚偏移复制的垂直线
指定要偏移的那一侧上的点,或［退出(E)/多个(M)/放弃(U)］<退出>：	;在垂直线右侧单击
……	

（4）修剪直线。参考，以中间水平线与垂直线为剪切边，交替剪切水平线与垂直线。参考图 4-7，命令行操作如下：

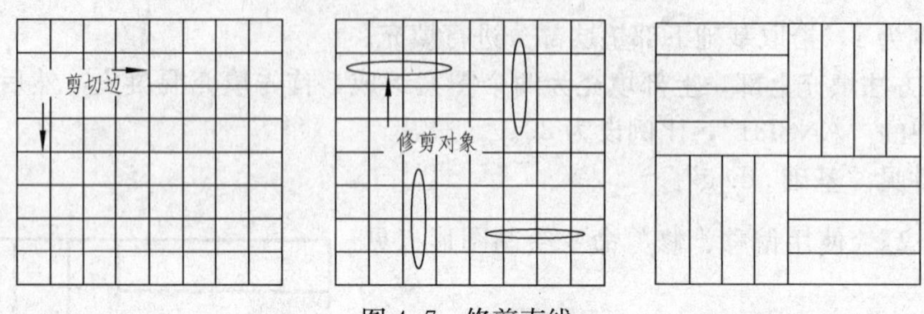

图 4-7 修剪直线

命令：_trim ；单击 输入命令

当前设置:投影 = ucs,边 = 无

选择剪切边… ；选择剪切边

选择对象或 <全部选择>：指定对角点：找到 2 个

选择对象： ；回车结束剪切边选择

选择要修剪的对象,或按住[Shift]键选择要延伸的对象,或 ；选择要修剪的对象，

[栏选(F)/窗交(C)/投影(P)/边(E)/删除(R)/放弃(U)]：指定对角点： ；AutoCAD 2006 及以上版本可以框选

……

【实例 4-3】 镜像或阵列复制绘图

镜像或阵列复制绘制如图 4-8 所示图形。

命令训练：Offset（偏移）、Mirror（镜像）、Array（阵列）。

辅助工具：极轴、对象捕捉、对象追踪。

（1）多段线绘制三角形，并偏移该三角形，如图 4-9 所示。

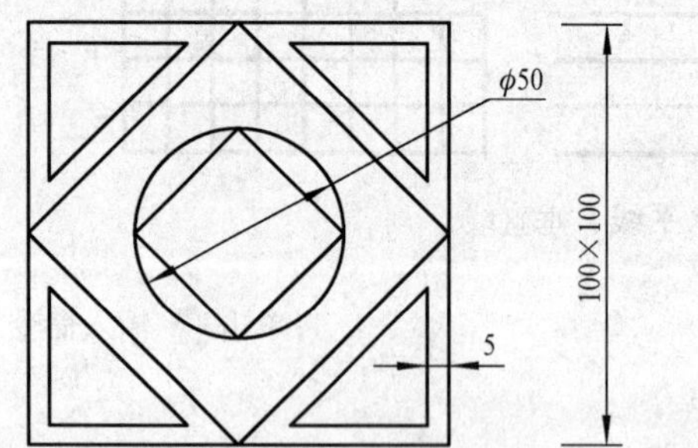

图 4-8 镜像或阵列绘制图形

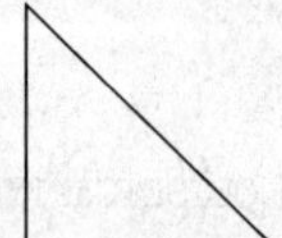

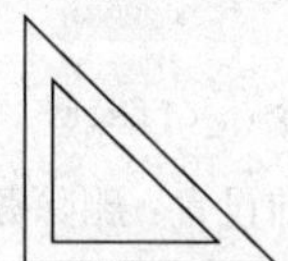

图 4-9 绘制并偏移三角形

（2）作两次镜像复制（或一次环形阵列）操作，如图 4-10 所示。

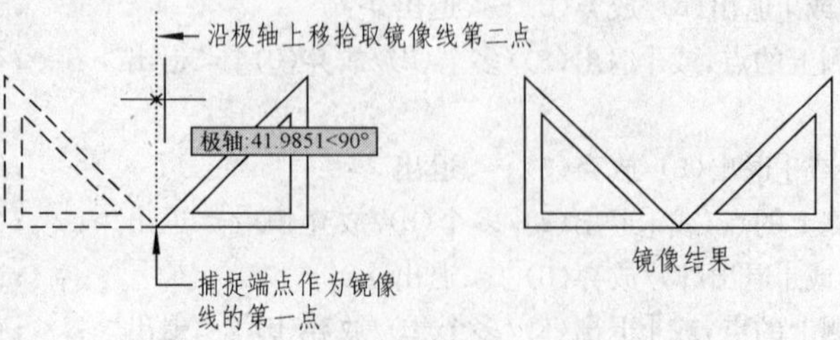

图 4-10 镜像或环形阵列编辑图形（一）

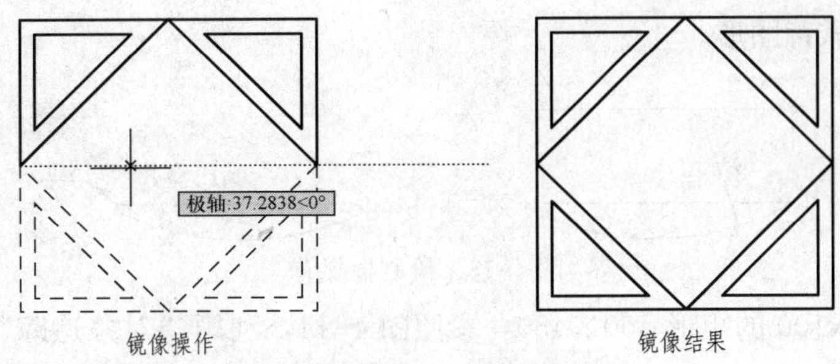

图 4-10　镜像或环形阵列编辑图形（二）

（3）绘制圆，对象追踪确定圆心，如图 4-11 所示。

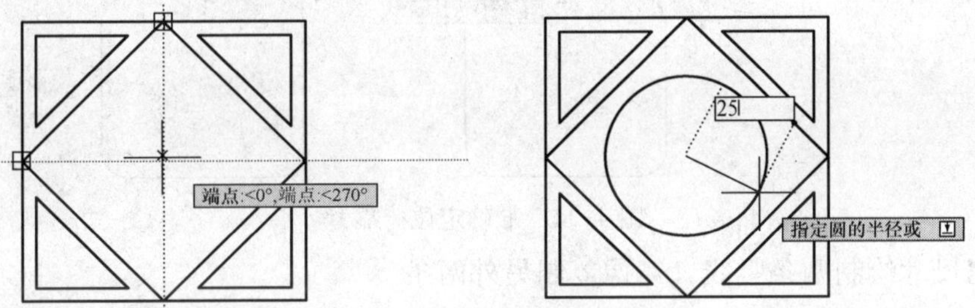

图 4-11　对象追踪确定圆心

（4）绘制圆的内接正四边形，略。

【实例 4-4】 绘制餐桌椅布置图

完成图 4-12（a）所示餐桌椅布置图，椅子尺寸见（b）图。

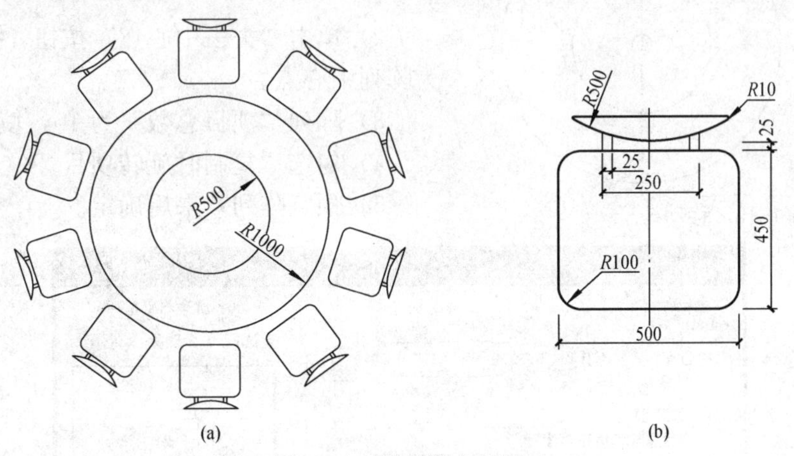

图 4-12　餐桌椅布置图

命令训练：Move（移动）、Fillet（圆角）、Array（阵列）。

辅助工具：极轴、对象捕捉、对象追踪。

（1）以公制样板新建文件。

（2）绘制桌面。绘制两个半径为 *R*500 和 *R*1000 的同心，双击鼠标中键，缩放视图窗口至合适大小。

（3）绘制椅子。

1）参照图 4-13，绘制直线 12，以“起点、端点、半径”绘制 *R*500 圆弧，再绘制圆角

R10，绘制完成椅靠背图形。

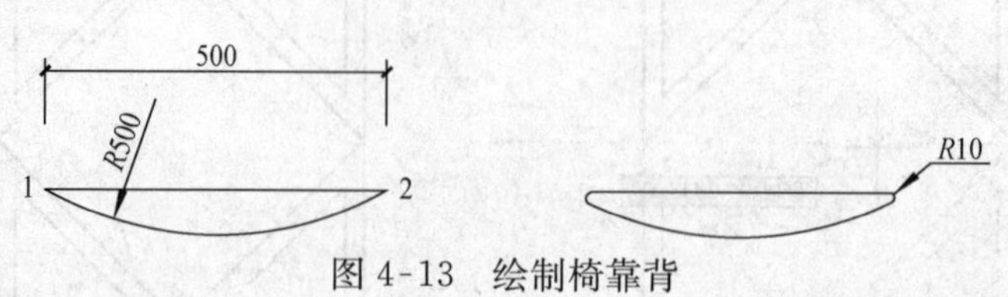

图 4-13　绘制椅靠背

2）绘制圆角 R100 的矩形 500×450，参照图 4-14，利用“对象追踪”移动靠背至准确位置。

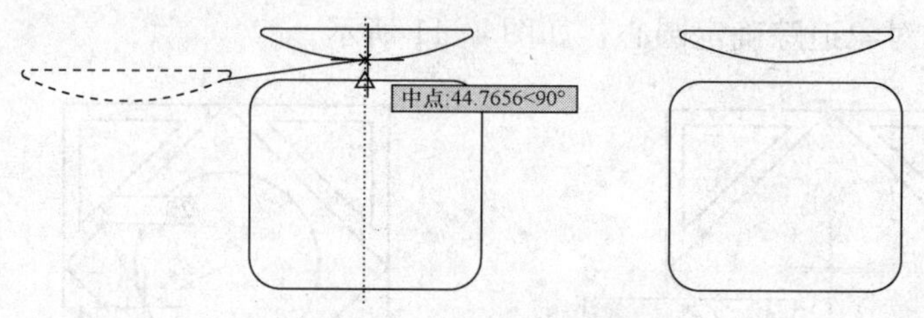

图 4-14　准确定位椅靠背

3）根据尺寸绘制两条竖线，镜像复制另外两条。

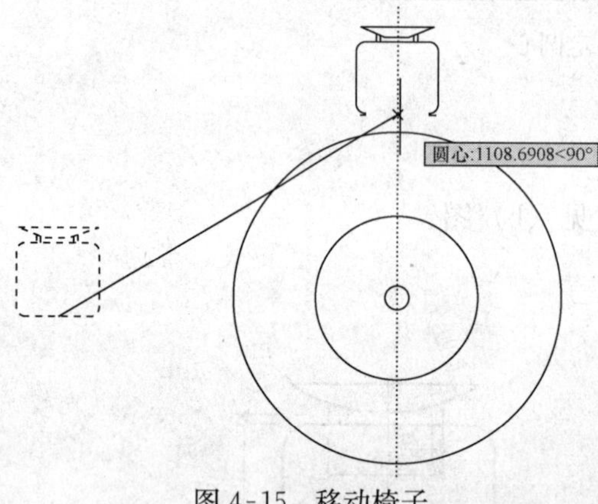

图 4-15　移动椅子

（4）布置椅子。先移动椅子至桌面正上方适当位置，如图 4-15 所示；再单击按钮打开“阵列”对话框，如图 4-16 所示，按图示操作如下：

1）选择“环形阵列”并选择椅子为阵列对象。

2）单击“失去中心点”按钮，捕捉圆桌中心为阵列中心点。

3）阵列“项目总数”为 10，填充角度 360°。

4）勾选“复制时旋转项目。”

5）预览阵列效果后确定。

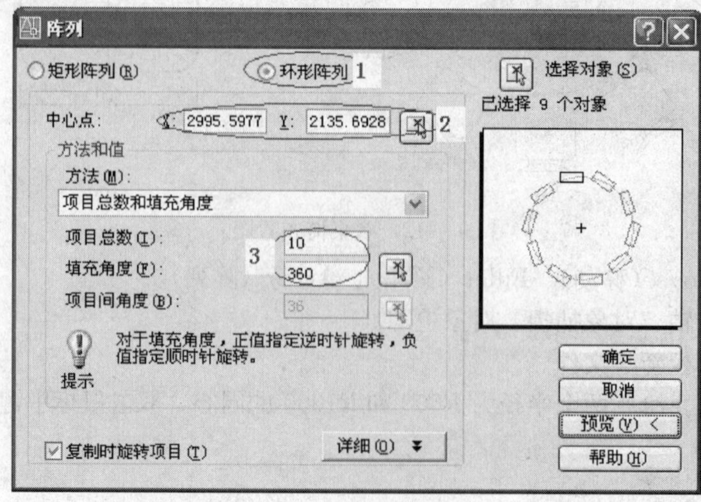

图 4-16　“阵列”对话框

【实例 4-5】　绘制楼梯立面图（见图 4-17）

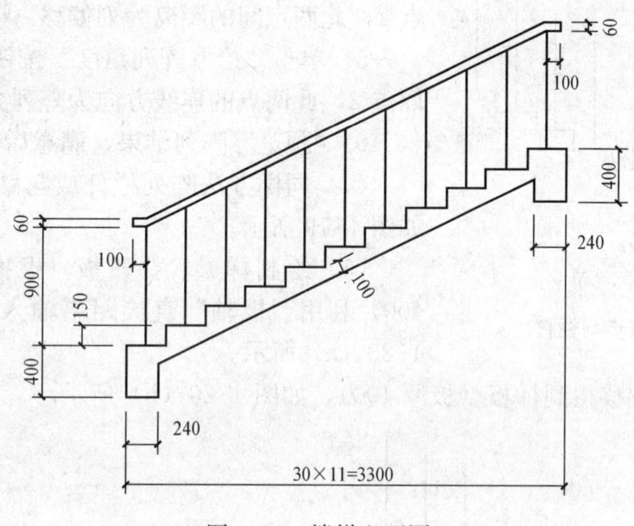

图 4-17　楼梯立面图

命令训练：Array（阵列）。

辅助工具：极轴、对象捕捉。

（1）以公制样板新建文件，设置图形界限 6000×5000。单击保存按钮，将文件命名为“楼梯”，开始新图。

（2）先绘制一级踏步，踏步宽 300，踏步高 150。

（3）阵列踏步。单击按钮打开“阵列”对话框，如图 4-18 所示，按如下设置与操作：

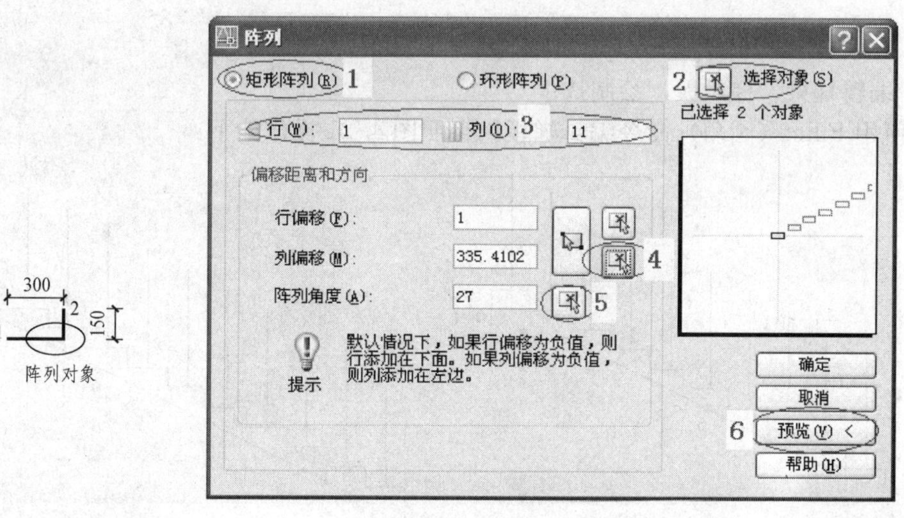

图 4-18　“阵列”对话框

1）选择“矩形阵列”。

2）选择踏步为阵列对象。

3）输入行数 1 列数 11。

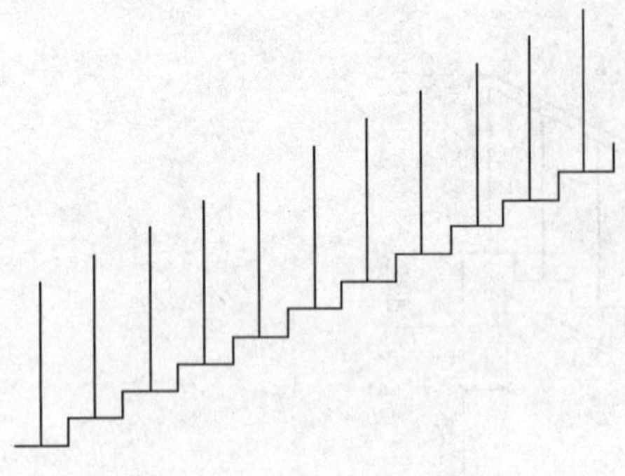

图 4-19 阵列踏步与栏杆

4）单击“拾取列偏移”按钮，先拾取点 1 再拾取点 2，此两点间的距离为列偏移。

5）单击“拾取阵列角度”按钮，先拾取点 1 再拾取点 2，此两点的连线方向为阵列方向（角度）。

6）“预览”阵列结果，满意后确定。

（4）同样方法阵列栏杆或与踏步同时阵列，结果如图 4-19 所示。

（5）绘制梯梁、梯段板。根据梯梁尺寸（240×400）利用“极轴”直接距离输入绘制其断面，如图 4-20（a）所示。连线点 3、4，偏移得到梯板（板厚 100），如图 4-20（b）所示。

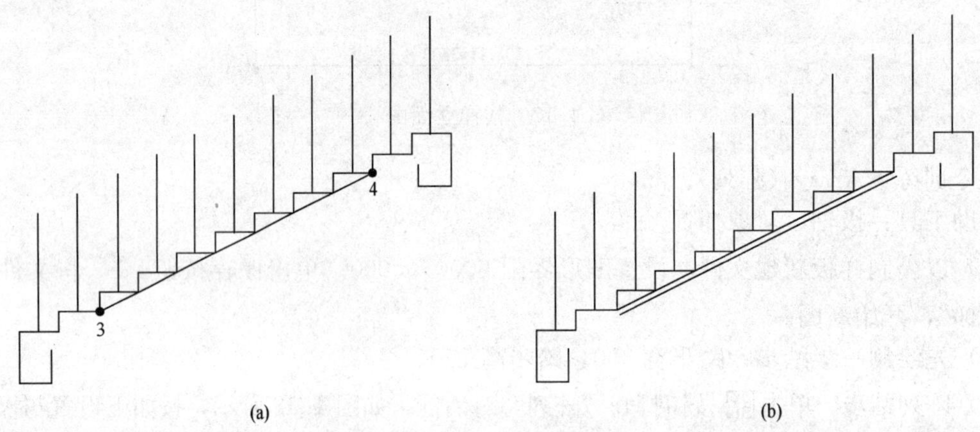

图 4-20 绘制梯梁、梯板

（6）编辑梯梁、梯段板，绘制扶手。

1）使用 Fillet（圆角）命令编辑梯板，参照图 4-21 操作如下：

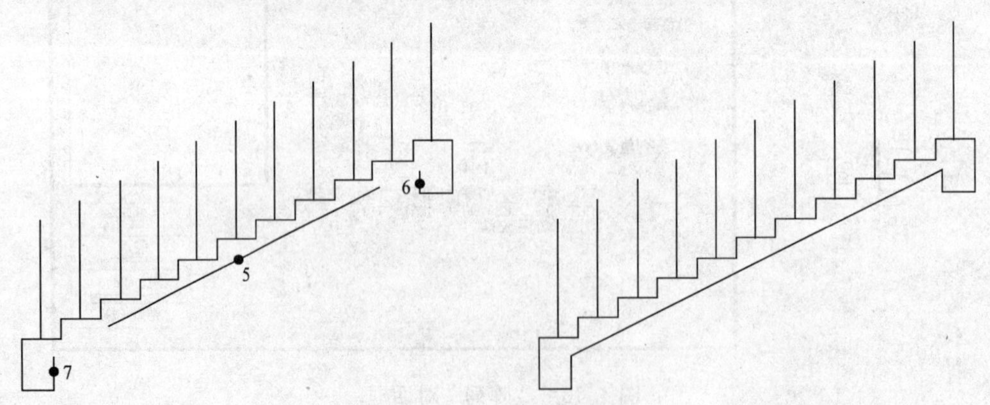

图 4-21 编辑梯梁、梯板

```
命令：_fillet                                             ;单击[图标]输入圆角命令
当前设置：模式 = 修剪,半径 = 0.0000                        ;确认半径 R=0
选择第一个对象或[放弃(U)/多段线(P)/半径(R)/修剪(T)/多个(M)]：  ;拾取直线 5
```

```
选择第二个对象,或按住 Shift 键选择要应用角点的对象：            ;拾取直线 6
命令：fillet                                                    ;重复圆角命令
当前设置：模式 = 修剪,半径 = 0.0000
选择第一个对象或[放弃(U)/多段线(P)/半径(R)/修剪(T)/多个(M)]：   ;拾取直线 5
选择第二个对象,或按住 Shift 键选择要应用角点的对象：            ;拾取直线 7
```

2）绘制扶手。用多段线绘制、偏移后端部封口，如图 4-22 所示。

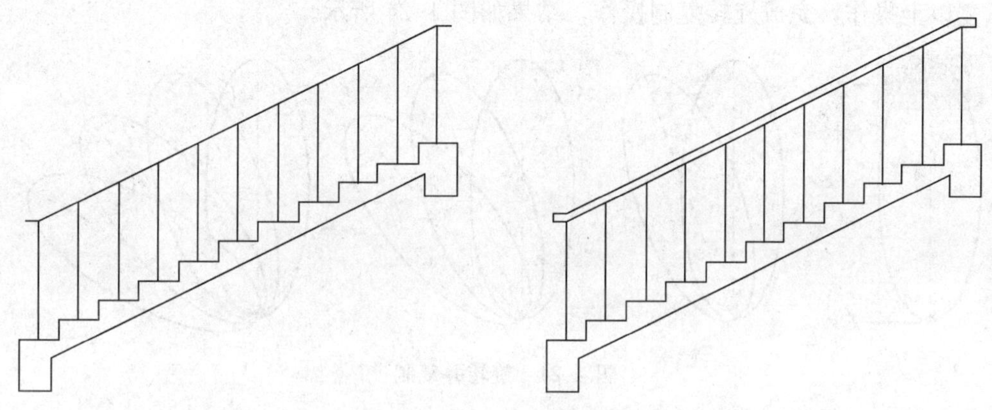

图 4-22　绘制扶手

【实例 4-6】 旋转并复制编辑图形

旋转并复制如图 4-23 所示图形。

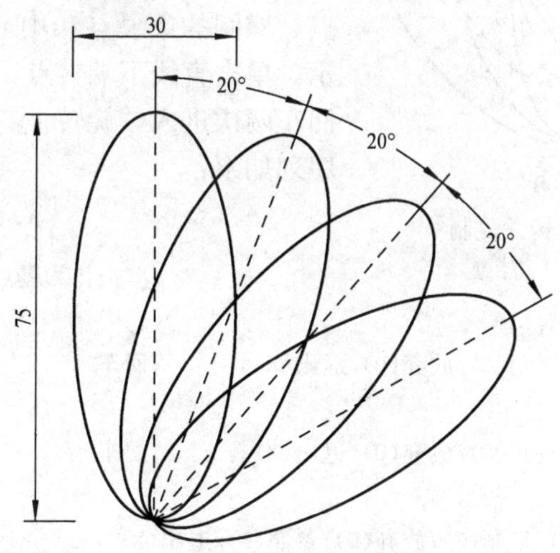

图 4-23　旋转并复制图形

AutoCAD 2006 开始，旋转命令添加了“复制（C)”选项，在低版中实现旋转并复制是通过“夹点编辑”功能完成的。下面结合本例介绍这两种操作方法：

(1) 使用“Rotate/复制（C)”命令操作，参照图 4-25，命令行序列如下：

```
命令：_rotate                                  ;单击[图标]输入命令
UCS 当前的正角方向：ANGDIR = 逆时针 ANGBASE = 0
```

选择对象：指定对角点：找到 2 个　　　　　　　　　;框选旋转对象
选择对象：　　　　　　　　　　　　　　　　　　　　;回车结束选择
指定基点：　　　　　　　　　　　　　　　　　　　　;捕捉基点(旋转中心)
指定旋转角度,或［复制(C)/参照(R)］<0>：c　　　;选择“复制(C)”
旋转一组选定对象
指定旋转角度,或［复制(C)/参照(R)］<0>：-20　　;输入选择角度,逆时针旋转为正

重复以上操作，完成旋转复制操作，结果如图 4-24 所示。

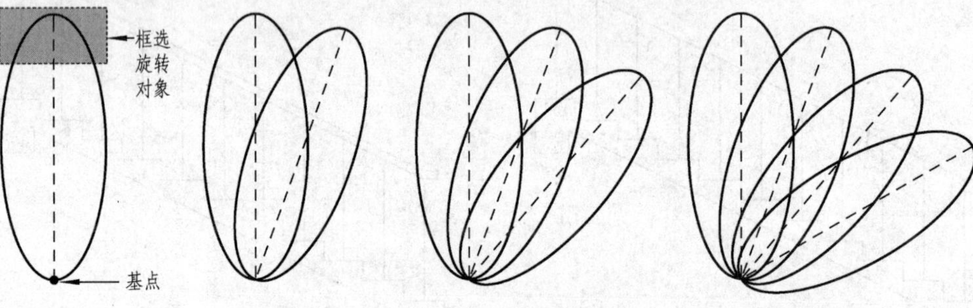

图 4-24　旋转并复制

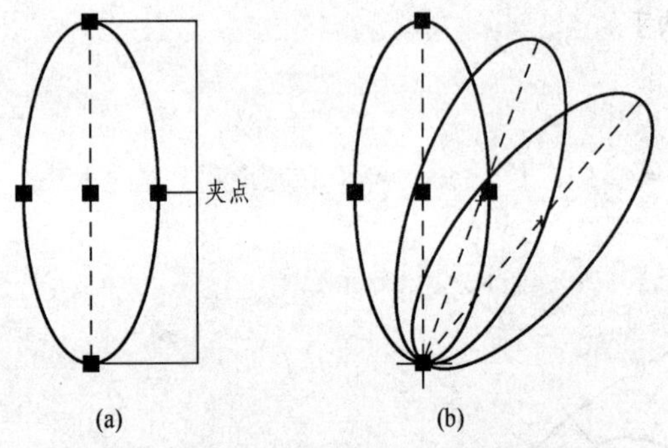

图 4-25　夹点编辑—旋转并复制

(2) 使用“夹点编辑”。不需输入命令，直接选择旋转对象，本例选择椭圆及虚线长轴，选中对象显示其夹点（蓝色标记点）：直线的端点和中点，椭圆的象限点和中心点，如图 4-25（a）所示。单击直线下端夹点，该夹点由蓝色变为红色，回车两次进入“旋转（多重）”操作模式，命令行序列如下：

命令：　　　　　　　　　　　　　　　　　　　　;单击作为基点(旋转中心)的夹点
** 拉伸 **
指定拉伸点或［基点(B)/复制(C)/放弃(U)/退出(X)］：　;回车
** 移动 **
指定移动点或［基点(B)/复制(C)/放弃(U)/退出(X)］：　;回车
** 旋转 **
指定旋转角度或［基点(B)/复制(C)/放弃(U)/参照(R)/退出(X)］：c　　;选择“复制(C)”
** 旋转（多重）**
指定旋转角度或［基点(B)/复制(C)/放弃(U)/参照(R)/退出(X)］：-20　;输入旋转角度
** 旋转（多重）**
指定旋转角度或［基点(B)/复制(C)/放弃(U)/参照(R)/退出(X)］：-40　;旋转第 2 次［参见图 4-26(b)］
** 旋转（多重）**
指定旋转角度或［基点(B)/复制(C)/放弃(U)/参照(R)/退出(X)］：-60　;旋转第 3 次
** 旋转（多重）**
指定旋转角度或［基点(B)/复制(C)/放弃(U)/参照(R)/退出(X)］：　　;回车结束,再按 ESC

【实例 4-7】 使用“拉伸”命令编辑沙发组图形

使用“拉伸”命令将单人沙发编辑为双人和三人沙发。绘制单人沙发，尺寸如图 4-26 所示，并由此编辑得到双人沙发和三人沙发，完成如图 4-27 所示的沙发组。

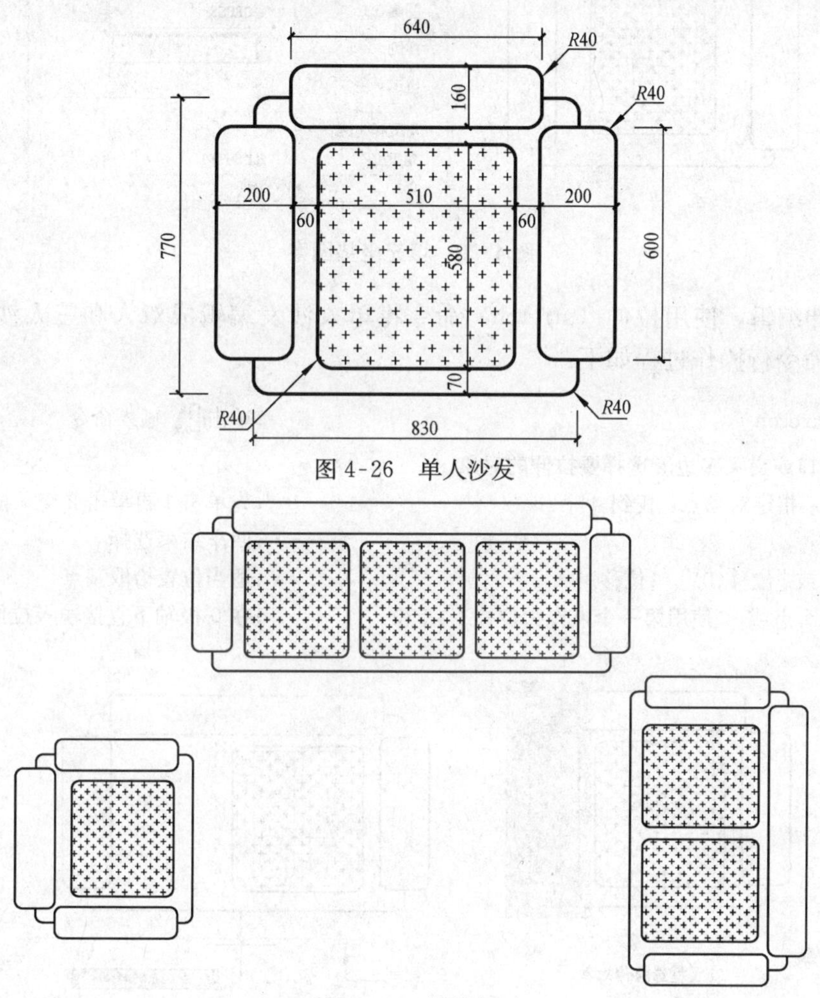

图 4-26　单人沙发

图 4-27　沙发组

操作要点如下：

(1) 绘制单人沙发。先绘制圆角矩形，再移动定位（矩形中心移动至对应边的中点），参考图 4-28；修剪多余线段，填充图案，参考图 4-29。

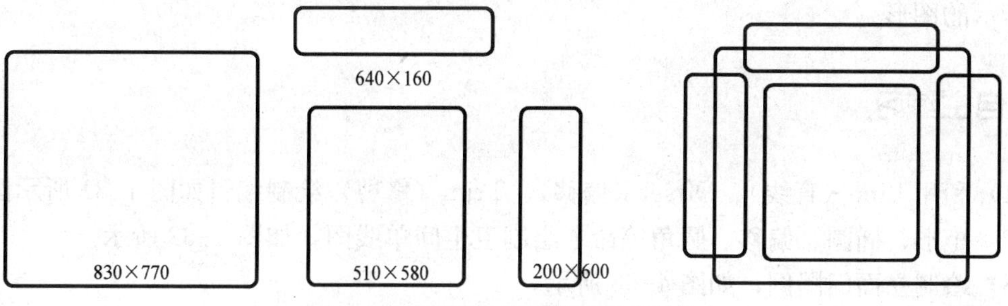

图 4-28　绘制圆角矩形再移动定位

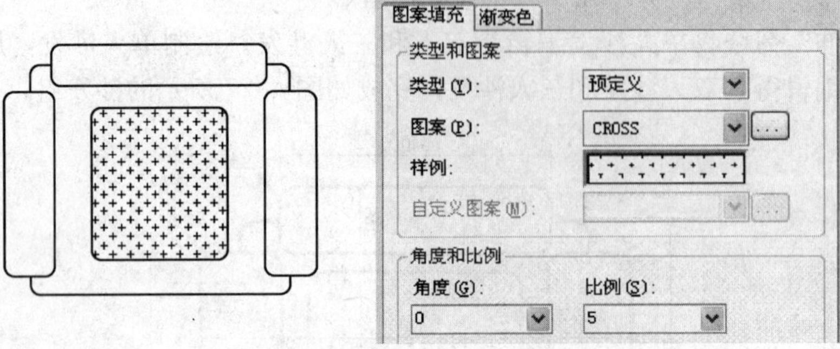

图 4-29 填充坐垫图案

(2) 拉伸编辑。使用拉伸(stretch)命令将单人沙发编辑成双人和三人沙发,参考图 4-30,参照命令行操作过程如下:

```
命令:_stretch                                        ;单击 输入命令
以交叉窗口或交叉多边形选择要拉伸的对象…
选择对象:指定对角点:找到 4 个                          ;先单击 1 再单击 2 交叉框选拉伸对象
选择对象:                                             ;回车结束选择
指定基点或[位移(D)]<位移>:                             ;适当位置拾取基点
指定第二个点或<使用第一个点作为位移>:570               ;在 0°极轴下直接输入拉伸距离
```

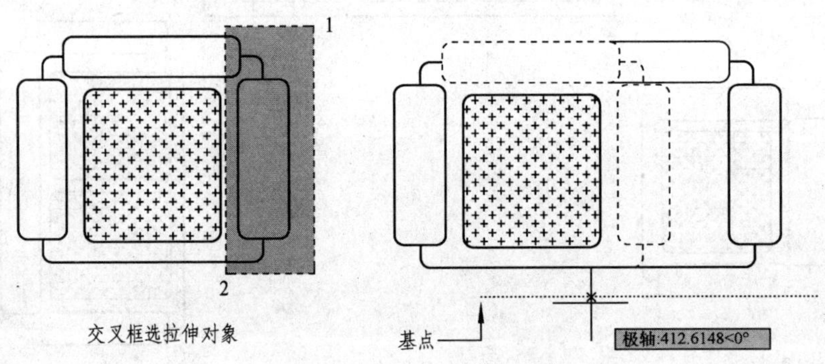

图 4-30 拉伸编辑图形

拉伸后复制坐垫,完成双人沙发。同样操作编辑完成三人沙发。

(3) 利用"旋转"、"移动"命令或"夹点编辑"将单人、双人、三人沙发布置成图 4-28所示的图形。

4.3 自主练习

(1) 利用 Line(直线)、Offset(偏移)、Trim(修剪)绘制编辑如图 4-31 所示图形。

(2) 矩形、椭圆、偏移、圆角等命令绘制卫生间单线图,如图 4-32 所示。

(3) 绘制立面门图例,如图 4-33 所示。

(4) 利用圆角、修剪等命令,完成图 4-34 所示扶手断面图。

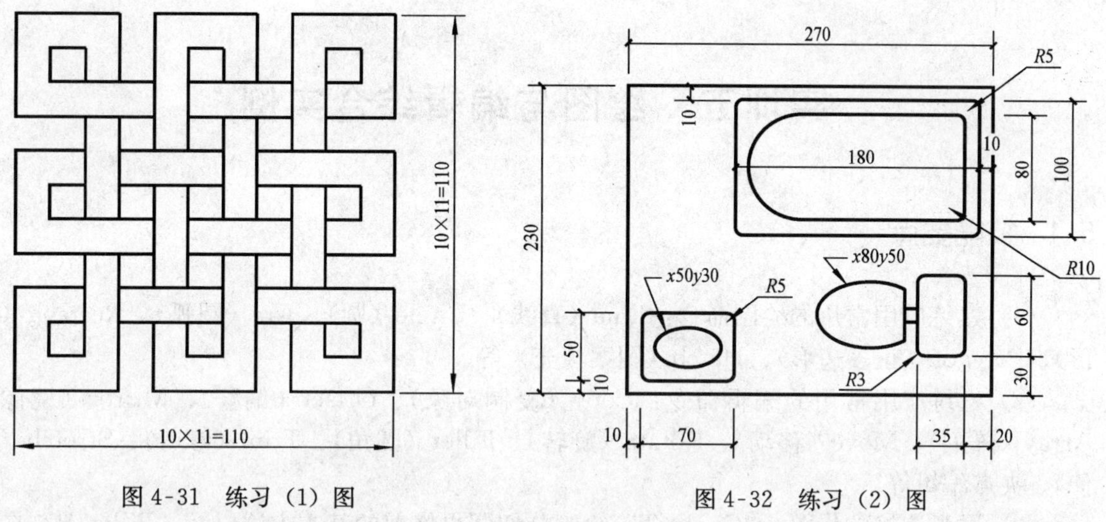

图 4-31　练习（1）图　　　　图 4-32　练习（2）图

提示：R60 用“相切、相切、半径（T）”画圆再修剪，下边两个 R10 和中间的 R40 使用圆角命令较为方便。

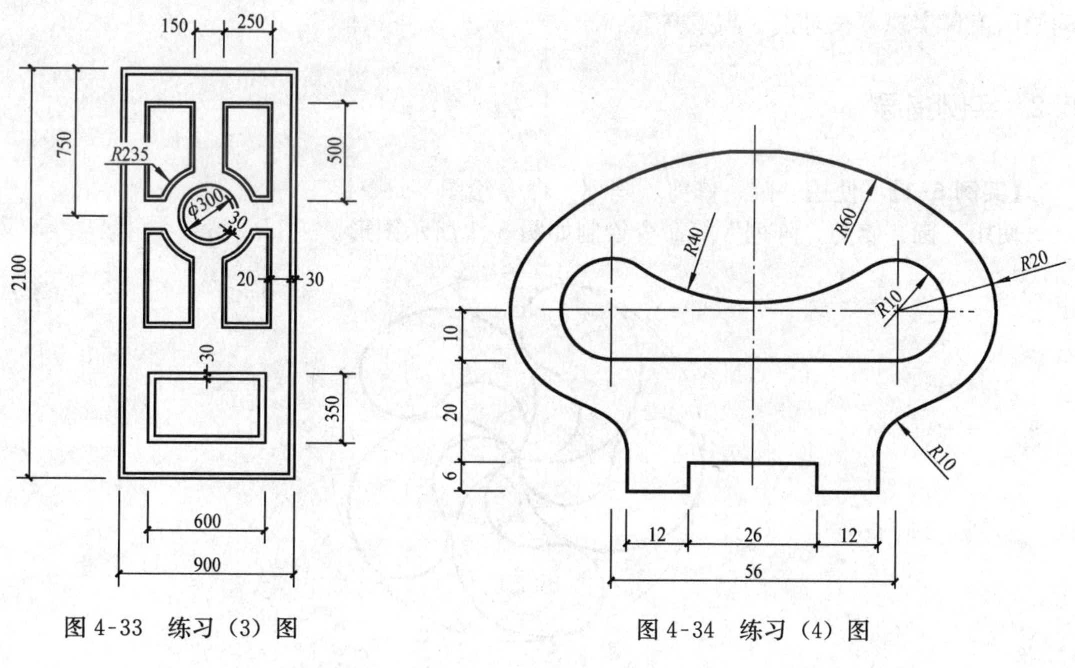

图 4-33　练习（3）图　　　　图 4-34　练习（4）图

实训五　绘图与编辑综合实例

5.1　技能要点

(1) 熟练应用常用的绘图命令：Line（直线）、Circle（圆）、Arc（圆弧）、Rectang（矩形）、Polygon（正多边形）、Hatch（图案填充）等。

(2) 熟练应用常用的编辑命令：Copy（复制对象）、Offset（偏移）、Mirror（镜像）、Array（阵列）、Move（移动）、Rotate（旋转）、Fillet（圆角）、Trim（修剪）、Stretch（拉伸）、夹点编辑等。

(3) 圆弧连接的作图："Circle/T"绘制公切圆再修剪的基本方法以及"Fillet/R"在圆弧间作外切圆弧的灵活应用。

(4) 三视图、剖视、剖面图的绘制：灵活使用"极轴"、"对象捕捉"与"对象追踪"精确绘图工具实现"长对正、高平齐"。

5.2　实例指导

【实例 5-1】 使用"圆、修剪、阵列"命令绘图

使用"圆、修剪、阵列"等命令绘制如图 5-1 所示图形。

图 5-1　使用"圆、修剪、阵列"命令绘图

(1) 公制样板新建图形并缩放全部。

(2) 以不同方式绘制各圆，参照图 5-2 操作如下：

```
命令：_circle                                              ;输入命令
指定圆的圆心或[三点(3P)/两点(2P)/相切、相切、半径(T)]：      ;适当位置指定圆心
指定圆的半径或[直径(D)]：                                  ;指定适当半径大小
命令：circle                                               ;按空格重复圆命令
指定圆的圆心或[三点(3P)/两点(2P)/相切、相切、半径(T)]：2p    ;选择"两点(2P)"选项
```

指定圆直径的第一个端点：　　　　;捕捉点“象限点”1
指定圆直径的第二个端点：　　　　;捕捉“圆心”2
命令：circle　　　　;重复圆命令
指定圆的圆心或［三点(3P)/两点(2P)/相切、相切、半径(T)］：2p　　　　;两点画圆
指定圆直径的第一个端点：　　　　;捕捉点 3
指定圆直径的第二个端点：　　　　;捕捉点 4

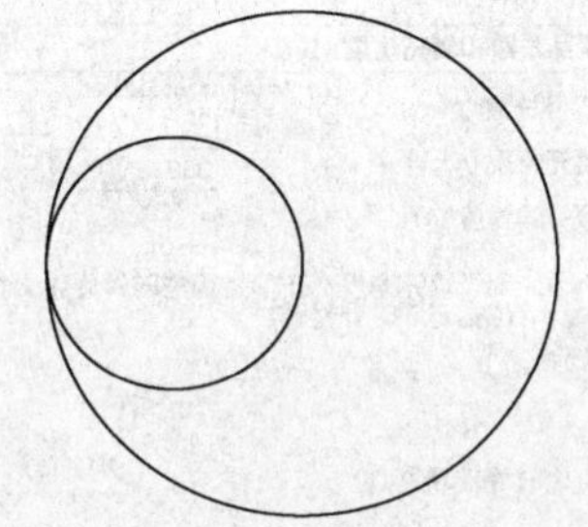

图 5-2　以不同方式绘制各圆

(3) 复制、修剪、阵列编辑完成图形，操作如下：

1) 复制一个小圆得到图 5-3 (a)，操作略。

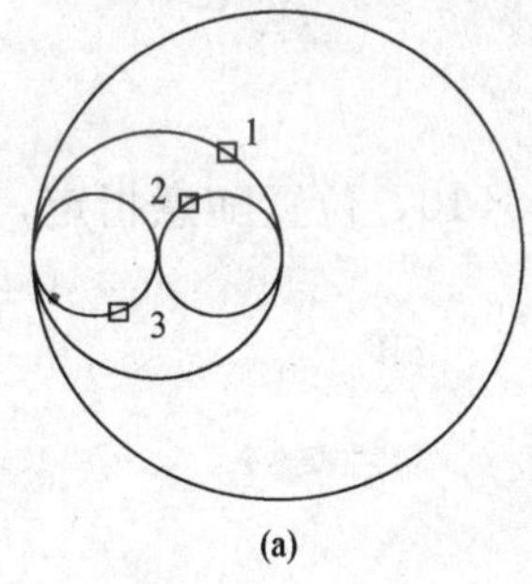

(a)

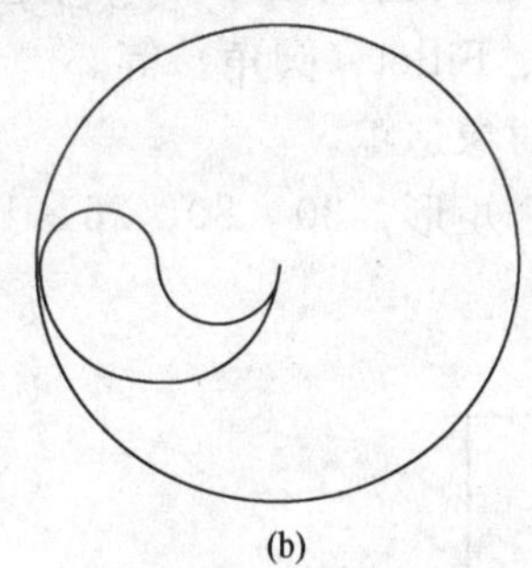
(b)

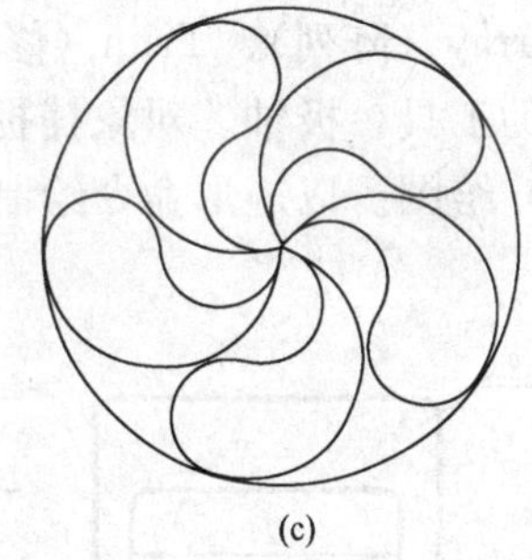
(c)

图 5-3　编辑图形

2) 修剪圆弧得到图 5-3 (b)，操作如下：

命令：tr
trim　　　　;输入命令
当前设置:投影 = UCS,边 = 无
选择剪切边...
选择对象或 <全部选择>：　　　　;回车,以所有对象为剪切边
选择要修剪的对象,或按住 Shift 键选择要延伸的对象,或　　　　;拾取点 1 处圆弧
［栏选(F)/窗交(C)/投影(P)/边(E)/删除(R)/放弃(U)］：
选择要修剪的对象,或按住 Shift 键选择要延伸的对象,或　　　　;拾取点 2 处圆弧
［栏选(F)/窗交(C)/投影(P)/边(E)/删除(R)/放弃(U)］：
选择要修剪的对象,或按住 Shift 键选择要延伸的对象,或
［栏选(F)/窗交(C)/投影(P)/边(E)/删除(R)/放弃(U)］：　　　　;拾取点 3 处圆弧
选择要修剪的对象,或按住 Shift 键选择要延伸的对象,或
［栏选(F)/窗交(C)/投影(P)/边(E)/删除(R)/放弃(U)］：　　　　;回车结束

3）阵列。将修剪得到的“花瓣”图案作环形阵列，阵列数目 5，大圆圆心为阵列中心点，参照图 5-4 操作，结果如图 5-3（c）。

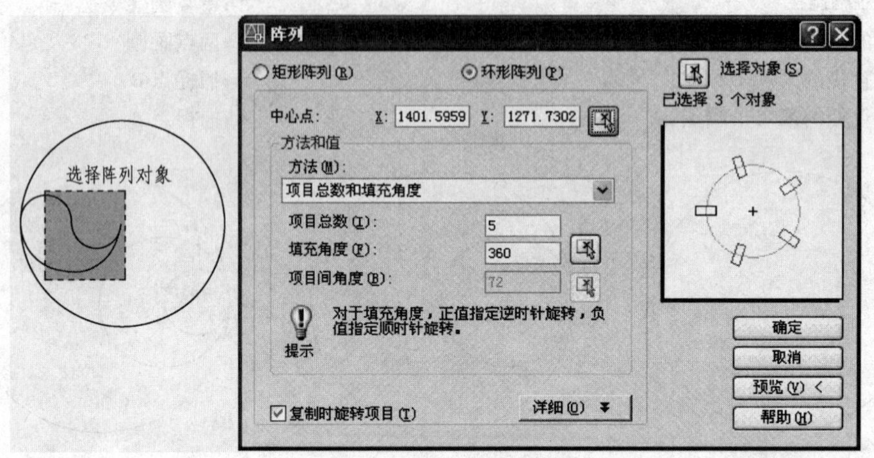

图 5-4 “阵列”对话框

【实例 5-2】 使用“复制”、“圆角”命令绘制编辑图形（见图 5-5）

命令训练：Line（直线）、Circle（圆）、Rectang（矩形）、Move（移动）、Copy（复制）、Array（阵列）、Trim（修剪）、Fillet（圆角）等。

辅助工具：极轴、对象捕捉、对象追踪。

（1）绘图。以矩形命令绘制三个矩形：30×80、26×1、24×10，位置随意指定，参考图 5-6。

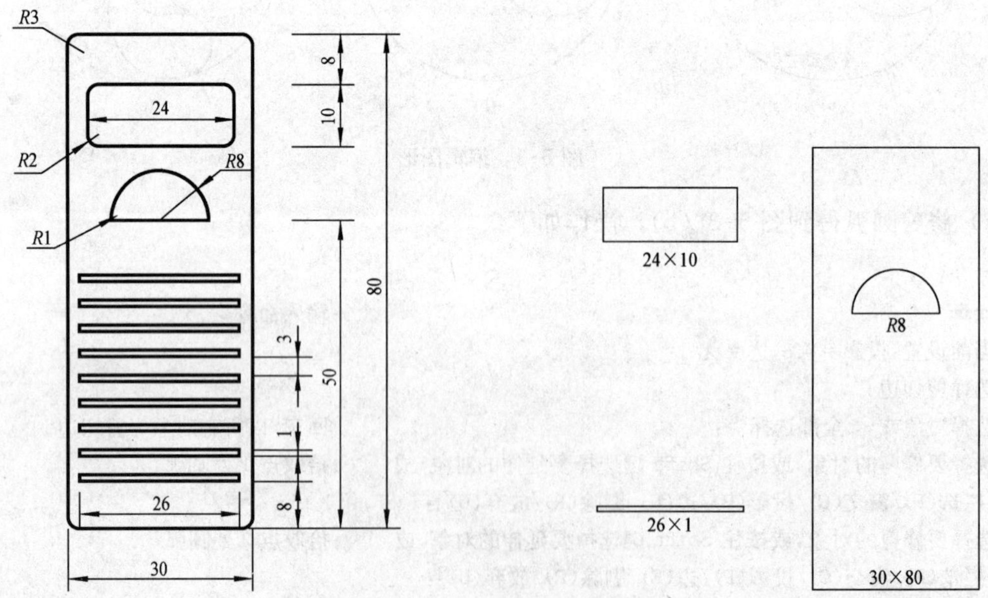

图 5-5 使用“复制”、“圆角”编辑图形　　图 5-6 绘制矩形和半圆

（2）移动。参考移动矩形：单击（移动）命令，以“24×10”矩形上边中点为基点，

以“30×80”上边中点为对象追踪的参照点，下移光标，输入追踪距离后回车。同样操作方法移动“26×1”矩形至正确位置，参考图 5-7。移动后的图形见图 5-9（a）。

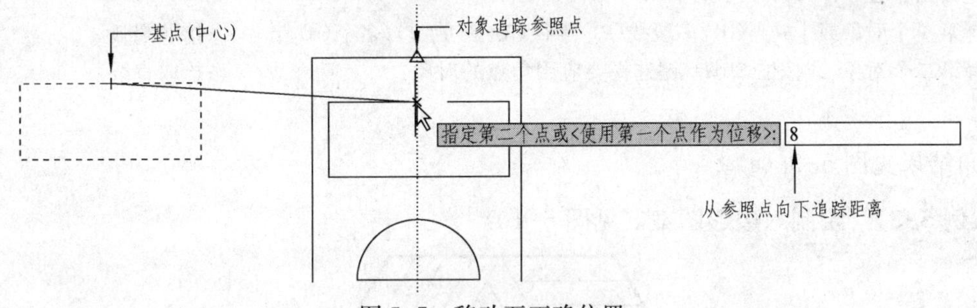

图 5-7　移动至正确位置

（3）复制。单击（复制对象）命令，向上复制“26×1”各矩形（也可以作 9×1 的矩形阵列），参考图 5-8 复制操作。复制结果如图 5-9（b）所示。

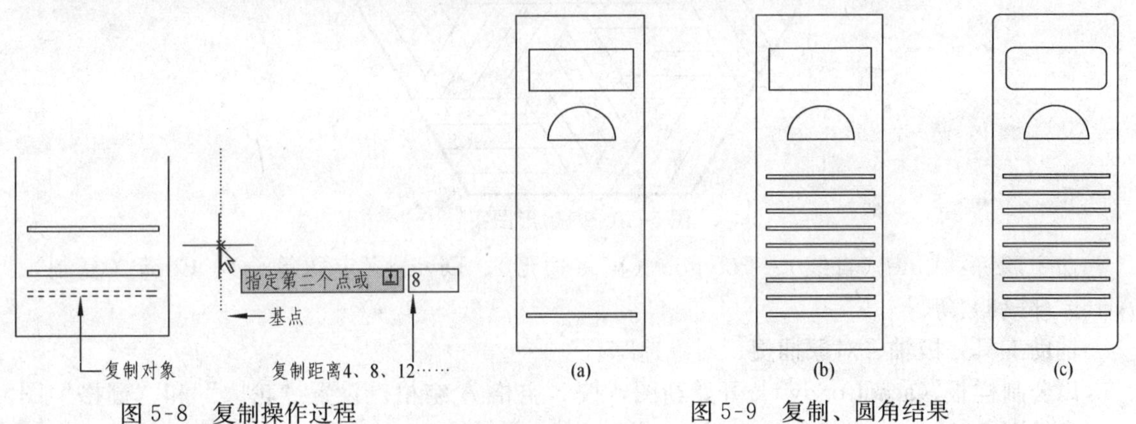

图 5-8　复制操作过程　　　　图 5-9　复制、圆角结果

（4）圆角。单击（圆角）命令，命令行操作如下：

```
命令：_fillet                                                  ;输入命令
当前设置：模式 = 修剪，半径 = 1.0000
选择第一个对象或[放弃(U)/多段线(P)/半径(R)/修剪(T)/多个(M)]：r   ;选择“半径(R)”选项
指定圆角半径 <1.0000>：3                                        ;指定圆角半径
选择第一个对象或[放弃(U)/多段线(P)/半径(R)/修剪(T)/多个(M)]：p   ;选择“多段线(P)”选项
选择二维多段线：                                                ;拾取大矩形
4 条直线已被圆角
命令：fillet                                                   ;重复圆角命令
当前设置：模式 = 修剪，半径 = 3.0000
选择第一个对象或[放弃(U)/多段线(P)/半径(R)/修剪(T)/多个(M)]：r   ;小矩形圆角半径 2
指定圆角半径 <3.0000>：2
选择第一个对象或[放弃(U)/多段线(P)/半径(R)/修剪(T)/多个(M)]：p
选择二维多段线：
4 条直线已被圆角
命令：fillet                                                   ;重复圆角命令
```

当前设置：模式 = 修剪，半径 = 2.0000
选择第一个对象或［放弃(U)/多段线(P)/半径(R)/修剪(T)/多个(M)］：r　　;设置圆角半径 R1
指定圆角半径 <2.0000>：1
选择第一个对象或［放弃(U)/多段线(P)/半径(R)/修剪(T)/多个(M)］：　　;拾取圆弧
选择第二个对象，或按住 Shift 键选择要应用角点的对象：　　;拾取直线
……

圆角结果见图 5-9（c）。

【实例 5-3】 绘制六边形图案（见图 5-10）

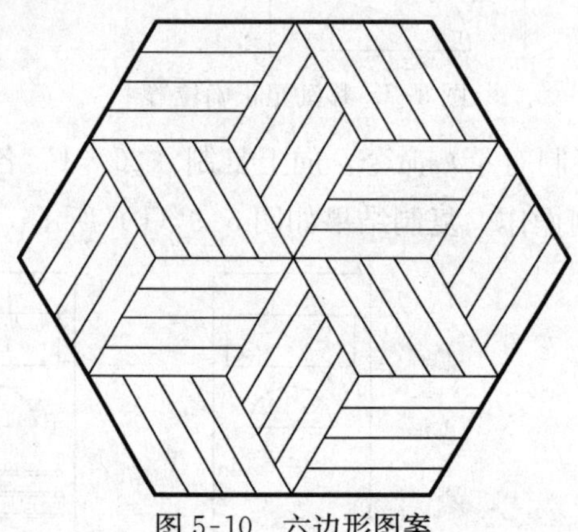

图 5-10　六边形图案

命令训练：Line（直线）、Polygon（正多边形）、Divide（定数等分）、Copy（复制）、Array（阵列）等。

辅助工具：极轴、对象捕捉、对象追踪。

以公制样板（acadiso.dwt）开始新图，按 Z 空格 A 空格。设置“轮廓”和“栅格”图层，参见图 5-11。

当前图层：0

状	名称	开	冻结	锁定	颜色	线型	线宽	打印样式	打印	说明
	0				白色	Continuous	—— 默认	Color_7		
	轮廓				蓝色	Continuous	—— 默认	Color_5		
	栅格				品红	Continuous	—— 默认	Color_6		

图 5-11　图层设置参考

参照图 5-12 作图过程如下：

(1) 以“轮廓”为当前层，先在屏幕适当位置绘制一个大六边形（尺寸自定）。

(2) 单击“比例”命令，对大六边形缩放 0.5 倍并复制，得到小六边形，命令行操作如下：

命令：_scale　　;输入“比例”命令
选择对象：　　;选择大六边形
选择对象：　　;回车结束选择
指定基点：　　;对象追踪捕捉六边形的中心点
指定比例因子或［复制(C)/参照(R)］<1.0000>：c　　;选择“复制(C)”

```
缩放一组选定对象
指定比例因子或［复制(C)/参照(R)］<1.0000>：0.5          ;输入缩放比例因子
```

（3）以“栅格”为当前层，依次连 12345 各点成折线（点 1 是六边形中心点，使用“对象追踪”捕捉该点，点 3、5 为直线中点），最后连 14 线段。

（4）删除小六边形，四等分线段 34、45，命令行操作如下：

```
命令：_divide                    ;单击菜单栏“绘图”→“点”→“定数等分”命令
选择要定数等分的对象：            ;选择线段 34
输入线段数目或［块(B)］：4        ;输入等分段数目
```

缺省情况下等分点看不见，必要时单击“格式”→“点样式”，选择一种可见点样式。

（5）添加“节点”捕捉模式，分别复制 14 线段 3 次、34 线段 3 次。

（6）环形阵列得最后结果。

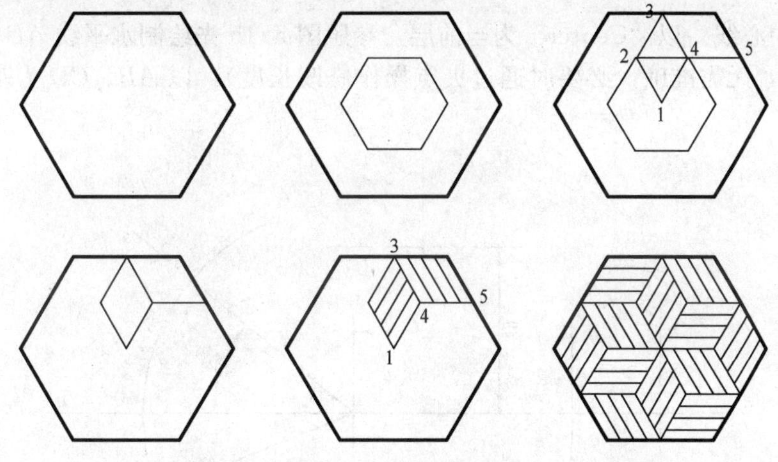

图 5-12　绘制过程

【实例 5-4】 绘制挂轮轮廓图形（见图 5-13）

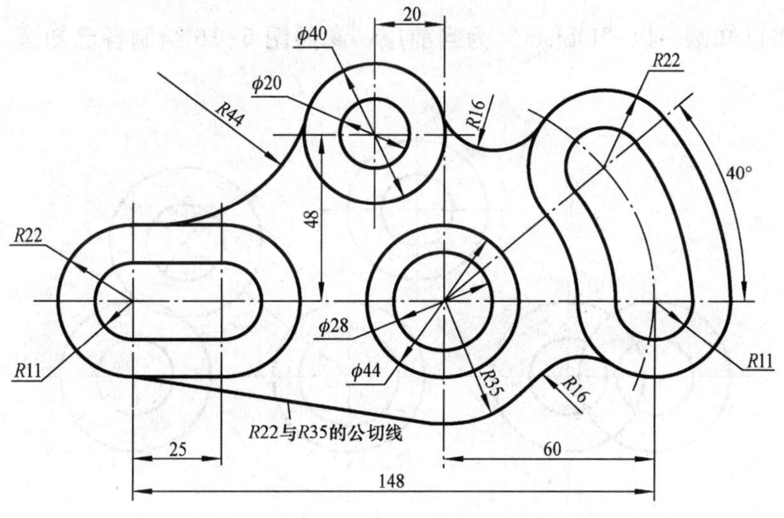

图 5-13　挂轮

命令训练：Line（直线）、Arc（圆弧）、Circle（圆）、Offset（偏移）、Fillet（圆角）、Trim（修剪）等。

辅助工具：极轴、对象捕捉、对象追踪。

（1）公制样板（acadiso. dwt）开始新图，输入 Z 空格 A 空格，并参考图 5-14 设置图层，单击将图形文件命名为“挂轮”。

当前图层：0

状	名称	开	冻结	锁定	颜色	线型	线宽	打印样式	打印	说明
✓	0				白色	Continuous	默认	Color_7		
	center				红色	CENTER2	默认	Color_1		
	object				白色	Continuous	0.50 毫米	Color_7		

图 5-14　图层设置

（2）绘制中心线。以“Center”为当前层，参照图 5-15 先绘制水平线 AB 与垂直线 CD（绘制大致长度，无需准确，必要时通过夹点操作修改长度），以 AB、CD 为基准完成其他中心线。

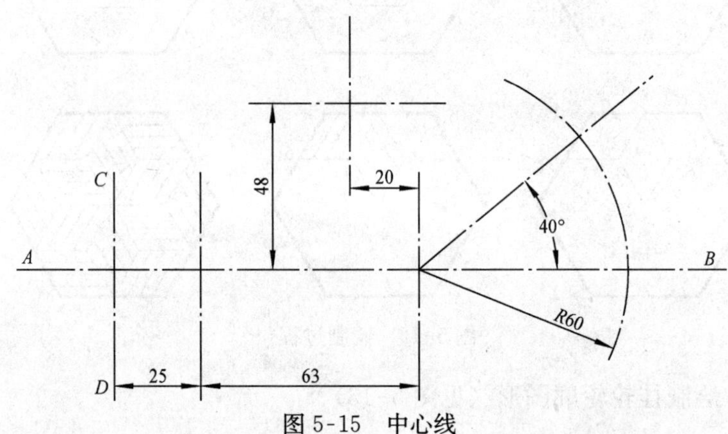

图 5-15　中心线

（3）绘制各已知圆。以“Object”为当前层，参照图 5-16 绘制各已知圆，半圆均按圆绘制后再修剪。

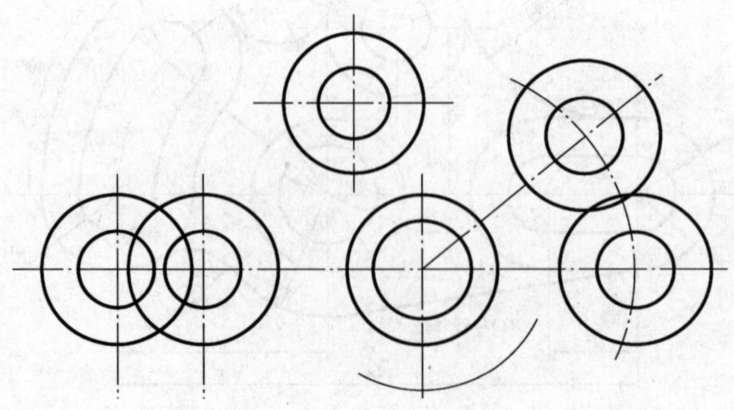

图 5-16　绘制各已知圆

(4) 绘制公切线(直线与圆弧),公切圆弧 $R44$ 与 $R16$ 使用 fillet(圆角)编辑较为方便。圆弧 E 用“圆角”时需要计算出半径 R(60−22),如果使用“对象捕捉”绘制“圆心、起点、端点”圆弧则很方便,圆弧 F 通过圆弧 E 偏移而得,倾斜的公切线使用“切点”捕捉绘制直线。参照图 5-17。

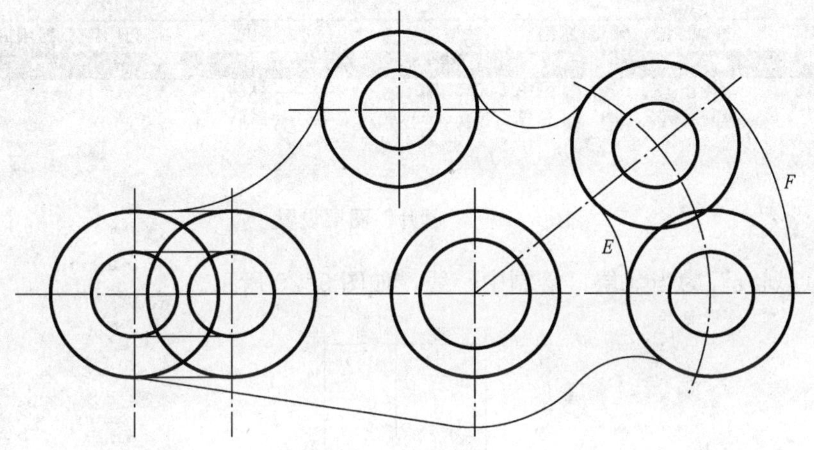

图 5-17 绘制公切线

(5) 修剪多余图线,夹点编辑调整中心线的长度,完成图形。

结果文件见“挂轮.dwg”。

【实例 5-5】 绘制叶片组合图形(见图 5-18)

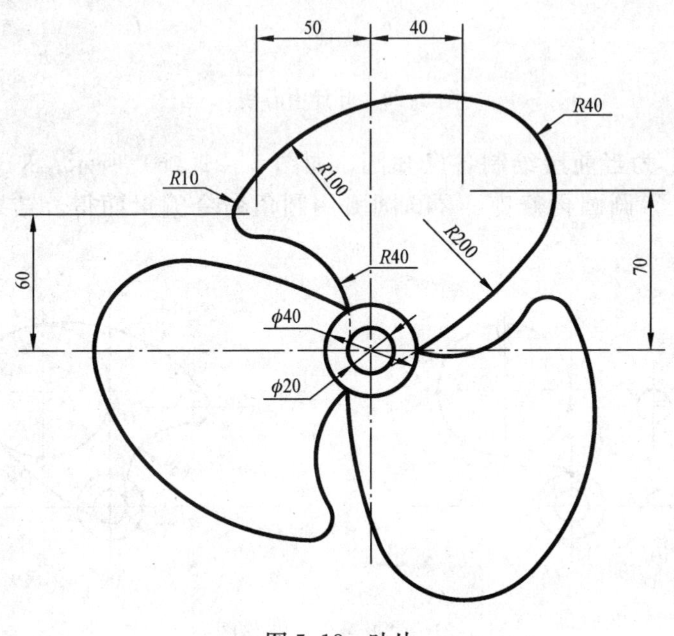

图 5-18 叶片

命令训练:Line(直线)、Arc(圆弧)、Circle(圆)、Offset(偏移)、Fillet(圆角)、Trim(修剪)等。

辅助工具：极轴、对象捕捉、对象追踪。

公制样板（acadiso. dwt）开始新图，输入 Z 空格 A 空格，并参考图 5-19 设置图层，单击“保存”按钮，将图形文件命名为“叶片”。

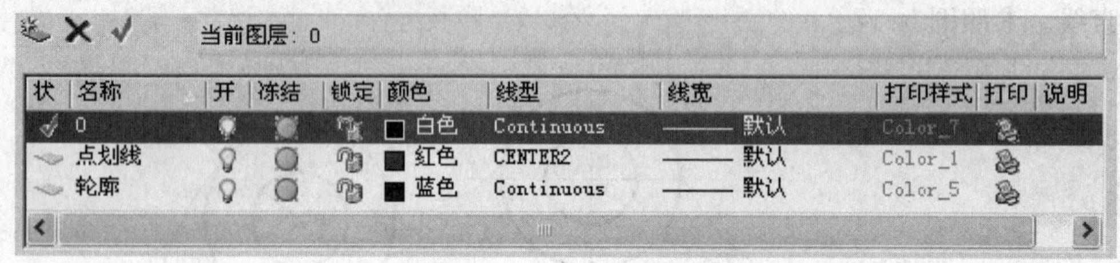

当前图层：0

状	名称	开	冻结	锁定	颜色	线型	线宽	打印样式	打印	说明
	0				白色	Continuous	—— 默认	Color_7		
	点划线				红色	CENTER2	—— 默认	Color_1		
	轮廓				蓝色	Continuous	—— 默认	Color_5		

图 5-19　“叶片”图层设置

（1）以“点划线”为当前层，绘制中心线，如图 5-20 所示。

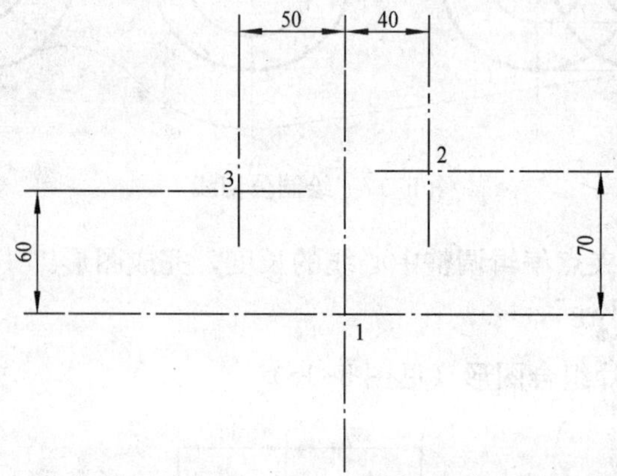

图 5-20　叶片中心线

（2）以“轮廓”为当前层绘制各已知圆，如图 5-21（a）所示；*R*100、*R*200 圆弧用“相切、相切、半径”画圆再修剪，*R*40 圆弧用圆角命令编辑而得，结果如图 5-21（b）所示。

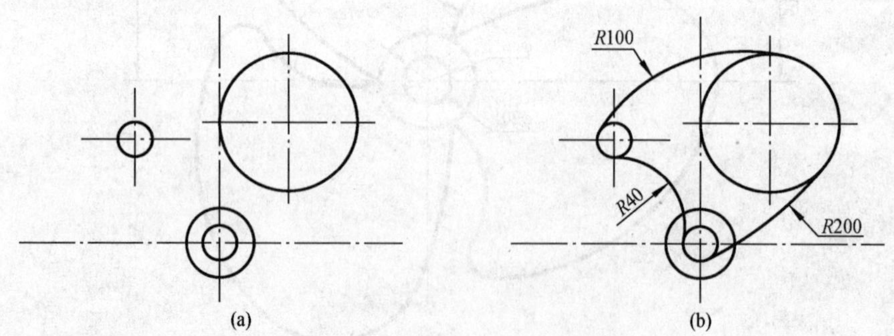

图 5-21　“叶片”分步作图一

（3）进一步修剪多余圆弧，得到一个叶片轮廓，如图 5-22（a）；将叶片作数目为 3 的环形阵列，结果如图 5-22（b）所示。

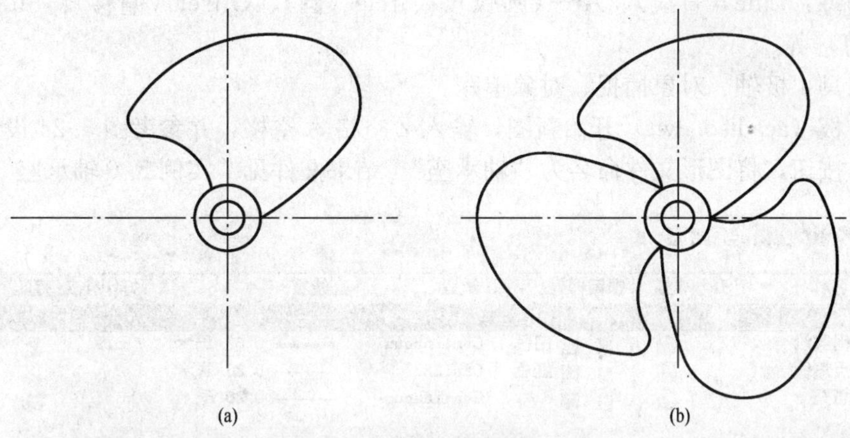

图 5-22　“叶片”分步作图二

【实例 5-6】 绘制轴承座三视图并作适当剖视

未剖切的三视图如图 5-23 所示。

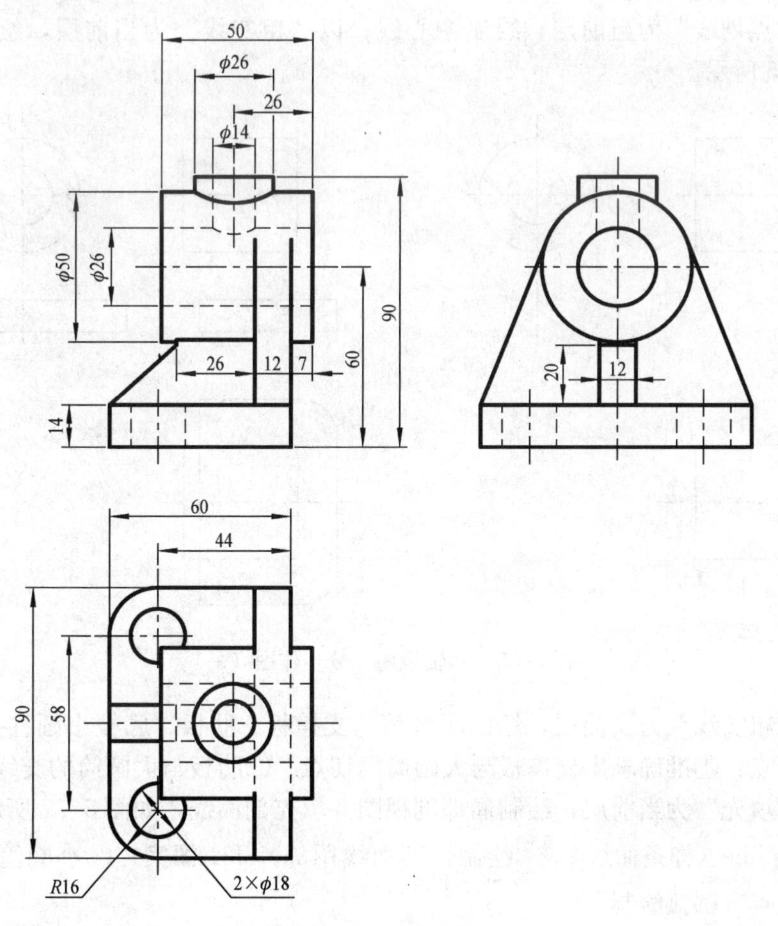

图 5-23　轴承座

命令训练：Line（直线）、Arc（圆弧）、Circle（圆）、Offset（偏移）、Fillet（圆角）、Trim（修剪）等。

辅助工具：极轴、对象捕捉、对象追踪。

公制样板（acadiso. dwt）开始新图，输入 Z 空格 A 空格，并参考图 5-24 设置图层，单击“保存”按钮，将图形文件命名为“轴承座”。结果文件见“实例 5-6 轴承座 . dwg”。

当前图层：0

状	名称	开	冻结	锁定	颜色	线型	线宽	打印样式	打印	说明
	0				白色	Continuous	默认	Color_7		
	粗实线				白色	Continuous	0.60 毫米	Color_7		
	点划线				红色	CENTER2	0.20 毫米	Color_1		
	填充				8	Continuous	0.20 毫米	Color_8		

图 5-24 “轴承座”图层设置

作图过程要点说明如下：

（1）以“点划线”为当前层，绘制中心线；以“粗实线”为当前层，绘制大圆筒、底板，如图 5-25 所示。

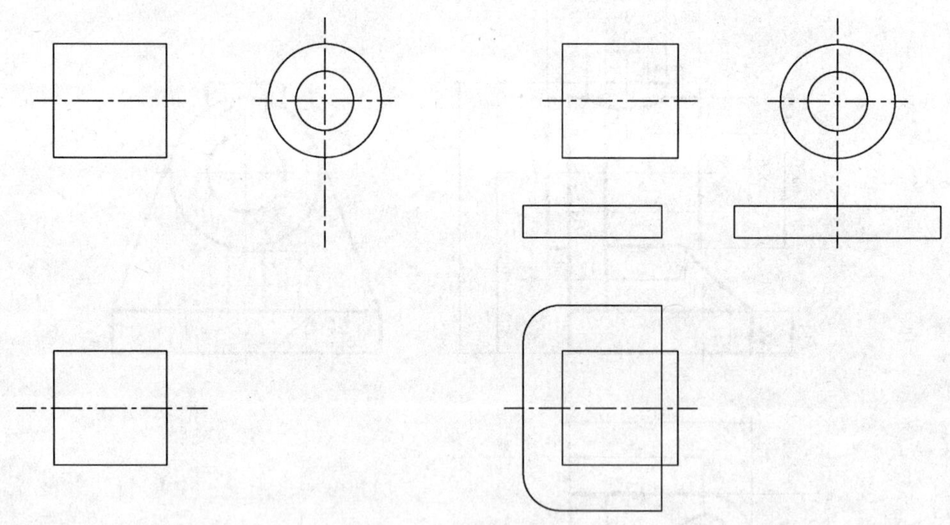

图 5-25 “轴承座”分步作图（一）

（2）以“粗实线”为当前层，绘制小圆筒、支撑板、肋板、底板小圆柱孔，如图 5-26 所示。注意两点：①准确求出支撑板与大圆筒的切点；②肋板与大圆筒的交线。

（3）以“填充”为当前层，绘制局部剖视图并填充剖面线，如图 5-27 所示。注意两点：①波浪线用 Spline（样条曲线）绘制，剖面线用 ANSI31 图案；②小圆筒与大圆筒的内相贯线用“三点”圆弧绘制。

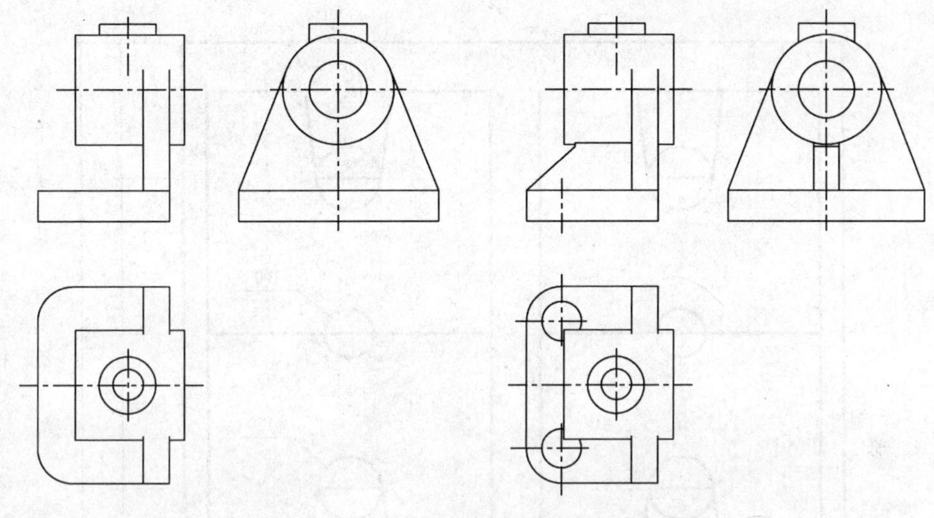

图 5-26　“轴承座”分步作图（二）

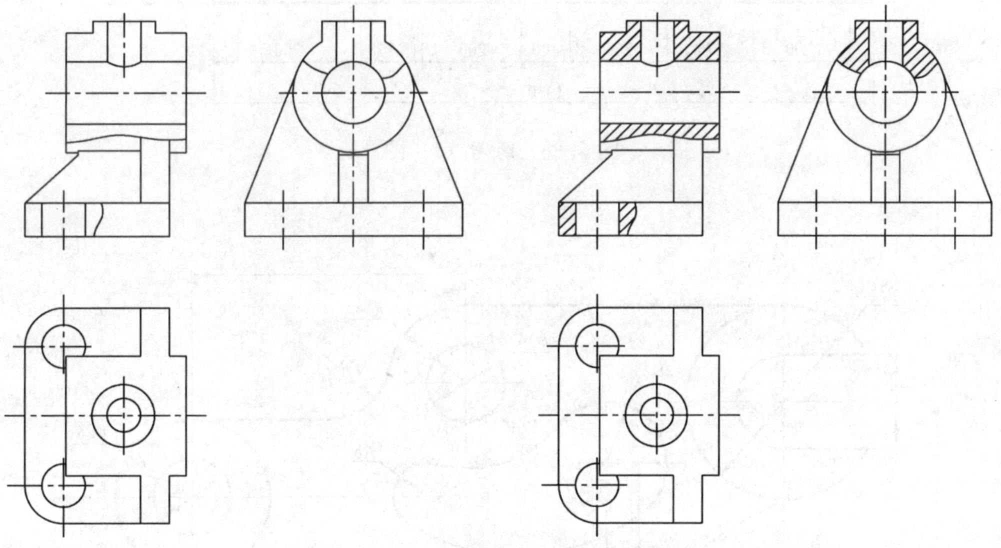

图 5-27　“轴承座”分步作图（三）

5.3　自主练习

(1) 绘制如图 5-28 所示篮球场平面图。

(2) 绘制如图 5-29 所示的平面图形。

(3) 绘制如图 5-30 所示的闸室的三视图。

(4) 使用“Scale/R”绘制如图 5-31 所示的图形。

(5) 绘制如图 5-32 所示的围墙护栏立面图形。

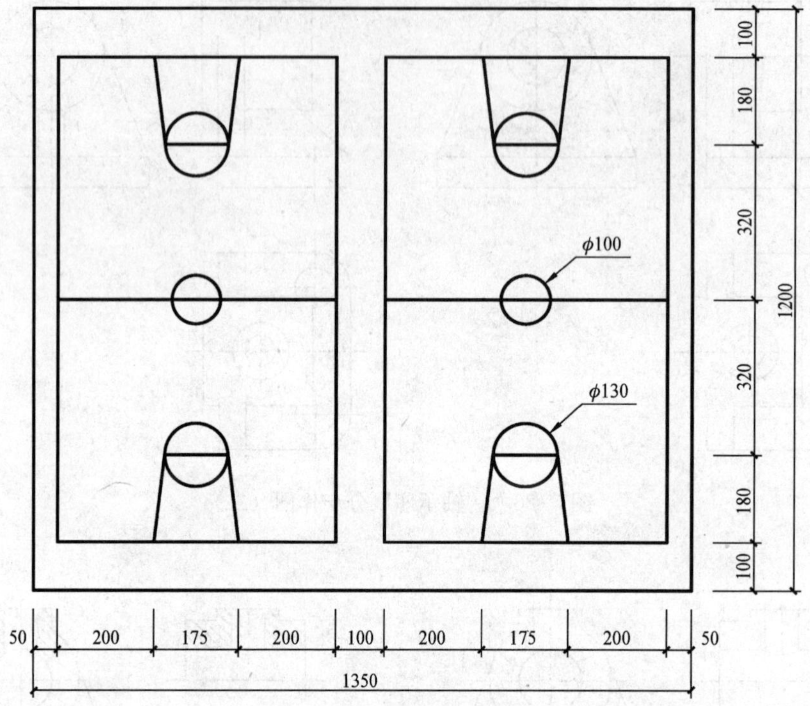

图 5-28 练习（1）图

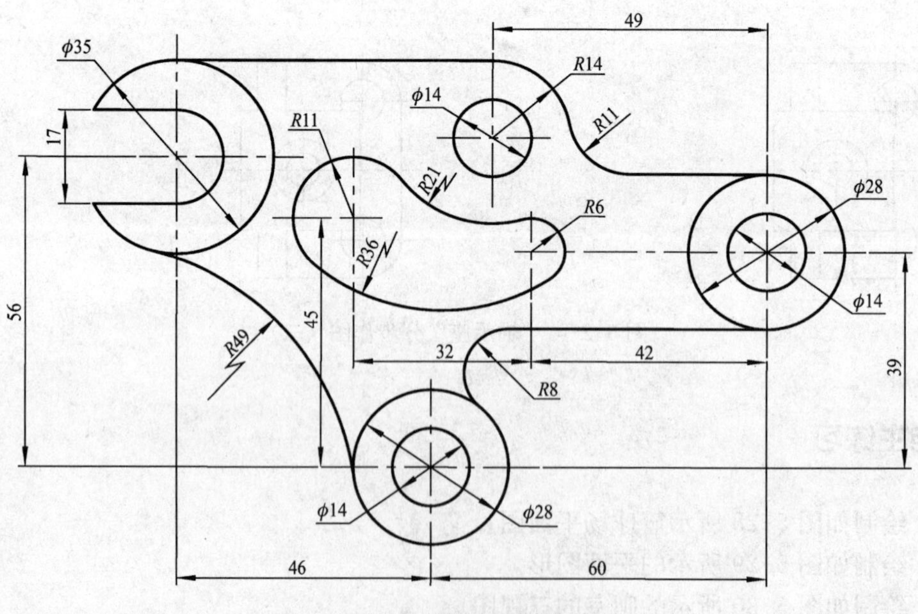

图 5-29 练习（2）图

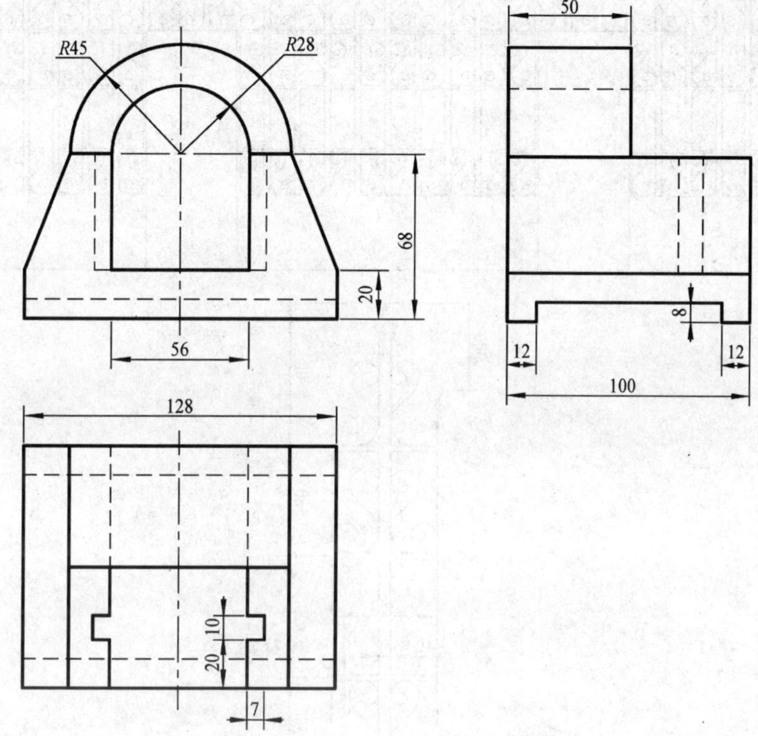

图 5-30　练习（3）图

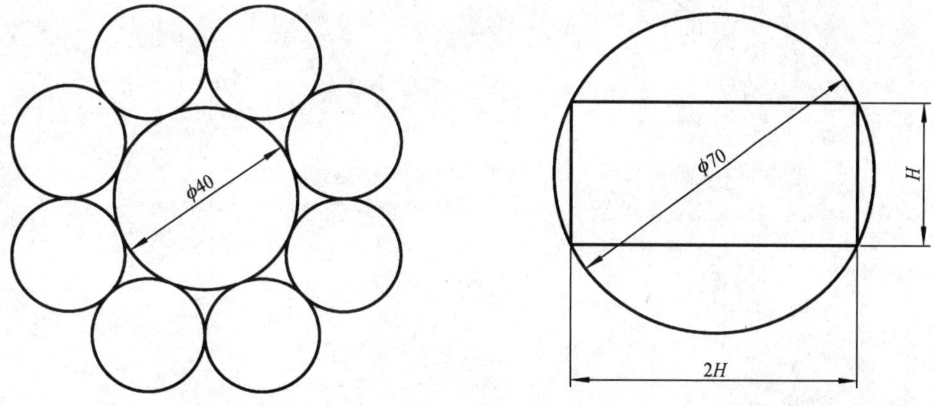

图 5-31　练习（4）图

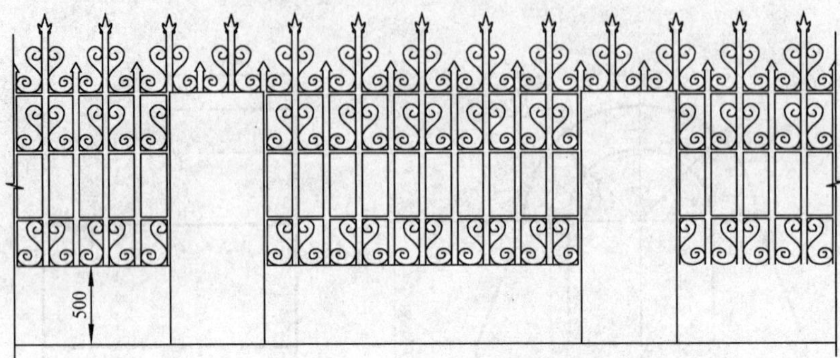

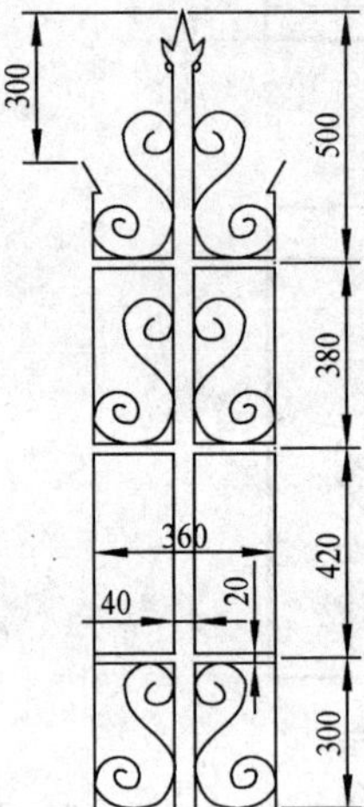

图 5-32 练习（5）图

实训六　文　　字

6.1　技能要点

（1）style（文字样式）命令创建文字样式。

（2）dtext（单行文字）命令标注文字。

（3）mtext（多行文字）命令标注文字。

（4）文字编辑。

（5）文字特性修改。

6.2　实例指导

【实例 6-1】　填写标题栏（见图 6-1）

“图名”和“单位”名称用 TTF 字体 7 号字，其他为 SHX 字体 5 号字，打开“实例 6-1.dwg”文件，按如下操作。

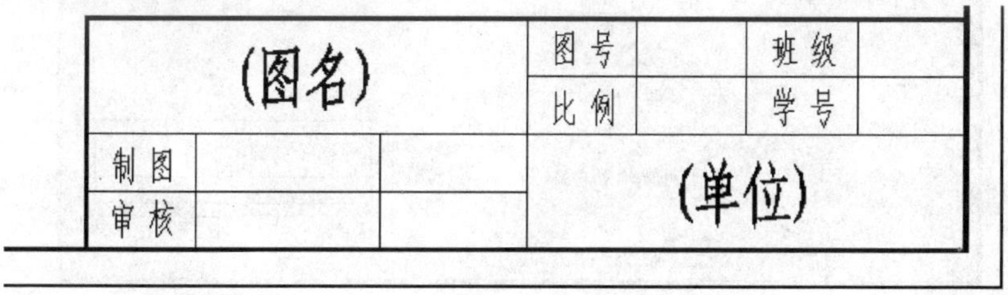

<table>
<tr><td colspan="3" rowspan="2">(图名)</td><td>图号</td><td></td><td>班级</td><td></td></tr>
<tr><td>比例</td><td></td><td>学号</td><td></td></tr>
<tr><td>制图</td><td></td><td></td><td colspan="4" rowspan="2">(单位)</td></tr>
<tr><td>审核</td><td></td><td></td></tr>
</table>

图 6-1　填写标题栏

（1）按下表所列要求设置两个文字样式：simfang 样式书写图名和单位，gbcbig 样式书写标题栏其他文字。

样式名	选择字体名	效　　果	说　　明
gbcbig	gbeitc. shx+gbcbig. shx	默认	图名单位以外的其他文字
simfang	仿宋 _ GB2312	宽度比例 0.7，其余默认	图名、单位

选择“格式”→“文字样式”菜单命令，打开“文字样式”对话框，单击“新建”按钮，弹出“新建文字样式”对话框，在“样式名”文本框内输入样式名（用相应字体的文件名作为样式名），单击“确定”，之后按图 6-2 和图 6-3 进行设置。

（2）标注图名和单位。以 text 为当前层，以 simfang 为当前样式，如图 6-4 所示。使用单行文字命令操作如下：

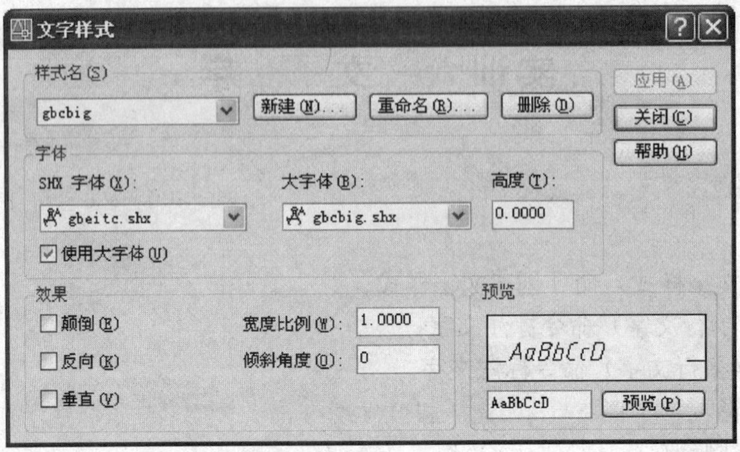

图 6-2 设置 gbcbig 样式

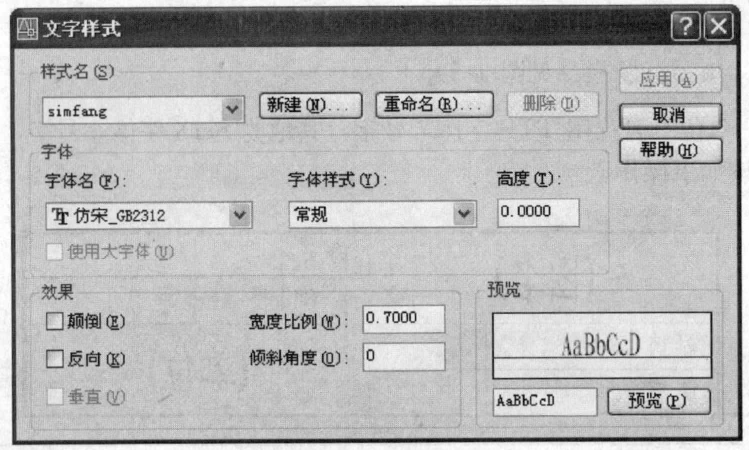

图 6-3 设置 simfang 样式

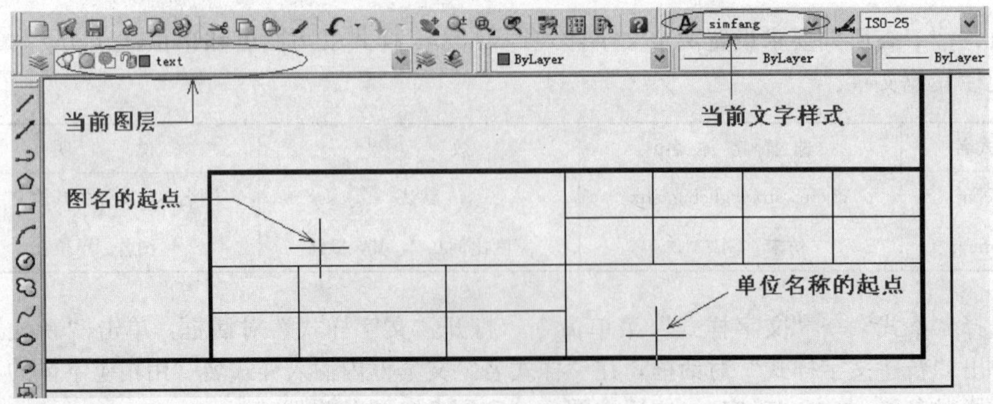

图 6-4 标注图名和单位

命令:dt
text　;输入单行文字命令
当前文字样式：　simfang　当前文字高度：　2.5000
指定文字的起点或[对正(J)/样式(S)]：　;参照图 6-4 指定图名的起点(大致位置)
指定高度<2.5000>:7　;输入文字高度 7
指定文字的旋转角度<0>：　;回车,文字角度 0
输入文字:(图名)　;输入具体文字内容,回车
输入文字：　;再回车结束命令
命令:text　;重复命令
当前文字样式：　simfang　当前文字高度：　7.0000
指定文字的起点或[对正(J)/样式(S)]：　;指定单位名称的起点(大致位置)
指定高度<7.0000>：　;回车,文字高度 7
指定文字的旋转角度<0>：　;回车,文字角度 0
输入文字:(单位)　;输入具体文字内容,回车
输入文字：　;再回车结束命令

注：缺省对齐方式下，文字的起点为文字的左下角点，起点无需精确指定。标注完成后，如果需要调整位置，可利用夹点操作适当移动文字即可。

(3) 标注其他文字。以 text 为当前层，以 gbcbig 为当前样式，如图 6-5 所示。使用单行文字命令操作如下：

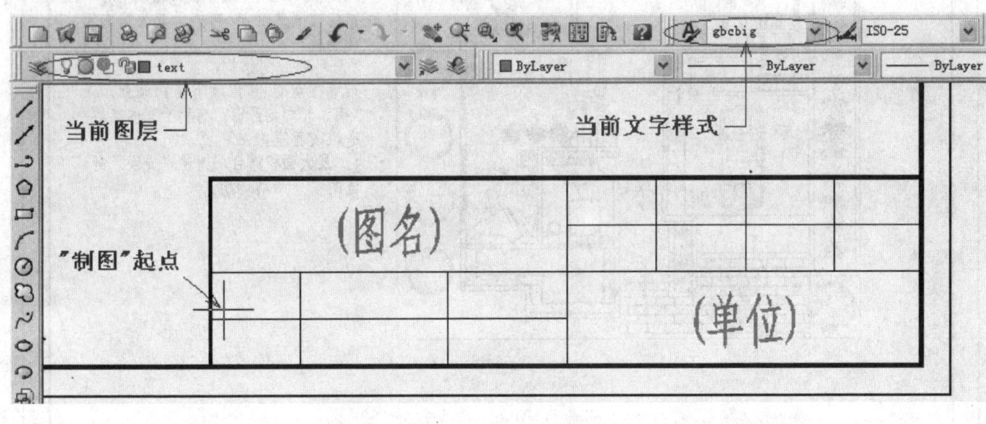

图 6-5　标注其他文字

命令:dt
text　;输入单行文字命令
当前文字样式：　gbcbig　当前文字高度：　7.0000
指定文字的起点或[对正(J)/样式(S)]：　;参照图 6-5 大致指定"制图"的起点
指定高度<2.5000>:5　;输入文字高度 5
指定文字的旋转角度<0>：　;回车,文字角度 0
输入文字:制图　;输入文字"制图"回车
输入文字:审核　;输入文字"审核"回车
输入文字：　;再回车结束命令
命令:text　;重复命令

```
当前文字样式： gbcbig  当前文字高度： 5.0000
指定文字的起点或[对正(J)/样式(S)]：          ;大致指定“图号”的起点
指定高度＜5.0000＞：                          ;回车，文字高度 5
指定文字的旋转角度＜0＞：                     ;回车，文字角度 0
输入文字：图号                                ;输入文字“图号”回车
输入文字：比例                                ;输入文字“比例”回车
输入文字：                                    ;再回车结束命令
……                                            ;完成所有标注
```

调节文字位置，完成，保存文件为：A4.dwg。

【实例 6-2】 单行文字与多行文字（见图 6-6）

打开“实例 6-2.dwg”文件，为图形标注房间名称和设计说明。房间名称用单行文字，设计说明用多行文字。

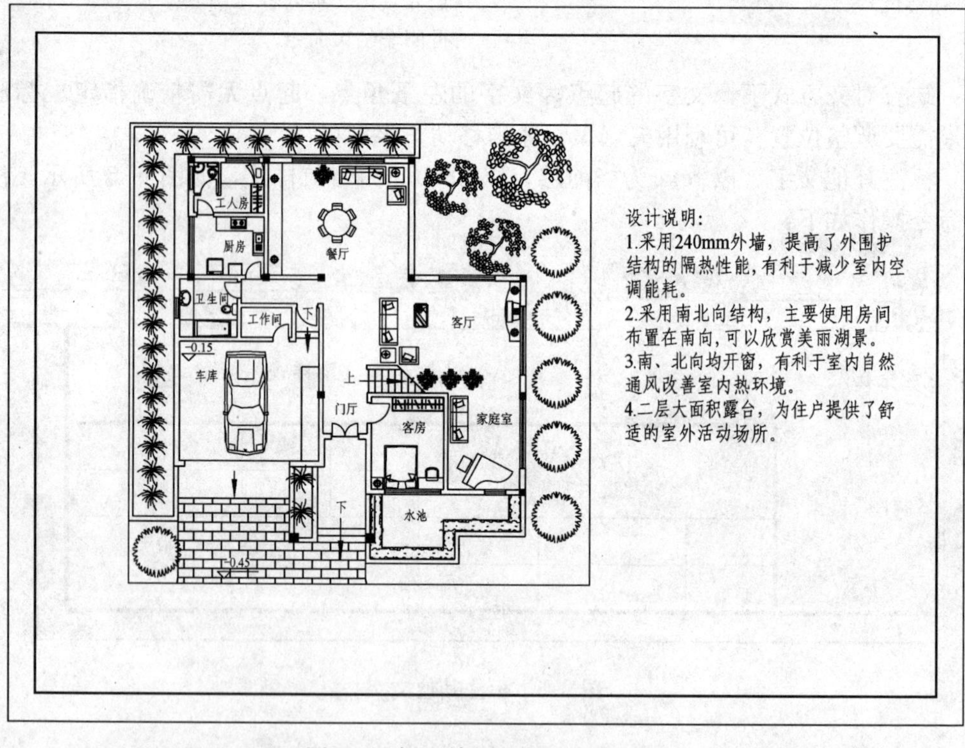

图 6-6 标注单行文字与多行文字

(1) 设置当前层为 text，设置当前位置样式为 simfang。

(2) 单行文字命令标注房间名称，操作如下：

```
命令：dt
text                                          ;输入单行文字命令
当前文字样式： simfang  当前文字高度： 2.5000
指定文字的起点或[对正(J)/样式(S)]：          ;指定“餐厅”的标注位置
指定高度＜2.5000＞：500                       ;指定字高 500，1：100 打印后字高 5
指定文字的旋转角度＜0＞：                     ;回车，文字角度 0
```

输入文字：餐厅　　　　　　　　　　　　　　　　　　　　；输入“餐厅”回车
输入文字：　　　　　　　　　　　　　　　　　　　　　　；回车结束
……　　　　　　　　　　　　　　　　　　　　　　　　　；标注其他房间名，略。

(3) 多行文字命令标注设计说明，操作如下：

命令：_mtext
当前文字样式："simfang"当前文字高度：500　　　　　　　；输入多行文字命令
指定第一角点：　　　　　　　　　　　　　　　　　　　　；指定点 1，参照图 6-7
指定对角点或[高度(H)/对正(J)/行距(L)/旋转(R)/样式(S)/宽度(W)]：　；指定点 2

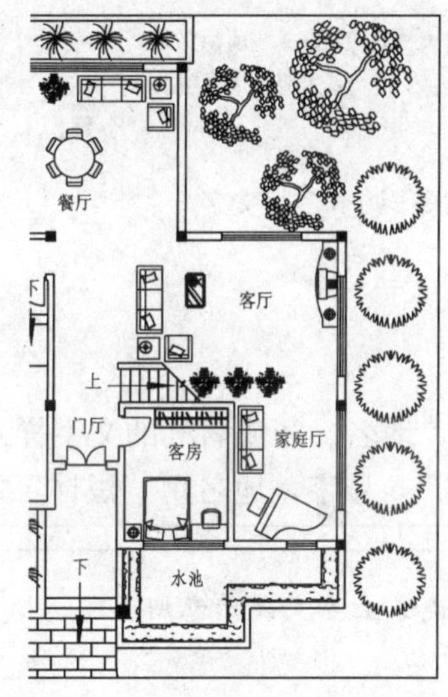

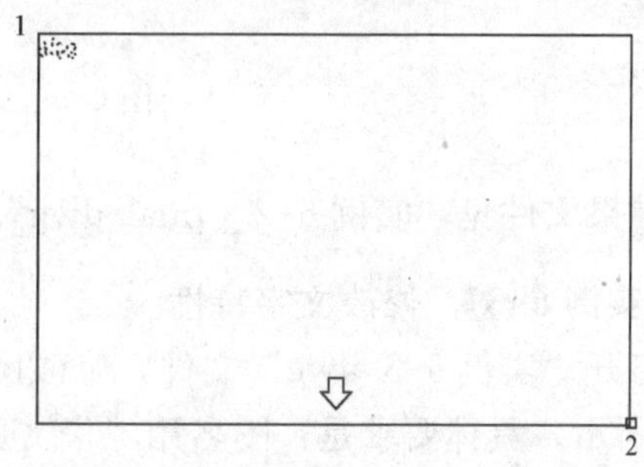

图 6-7　指定多行文字的标注位置

打开多行文字的输入窗口如图 6-8 所示。

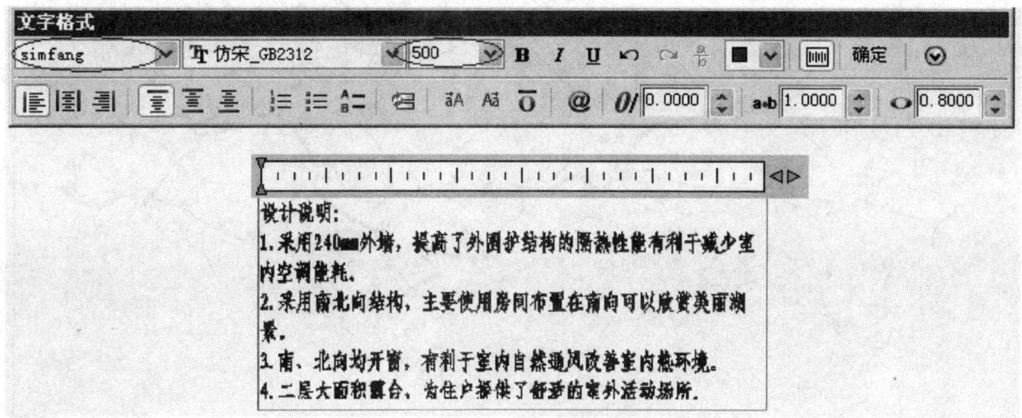

图 6-8　多行文字输入窗口

确认当前文字样式为 simfang，输入文字高度为 500，在窗口输入所需文字，单击“确定”按钮或在编辑窗口之外单击。在输入过程中，只需在段落处回车，当文字行长度超出指定的窗口宽度时自动换行。

（4）如果需要，利用夹点操作移动文字的位置或调节文字段的宽度，如图 6-9 所示。

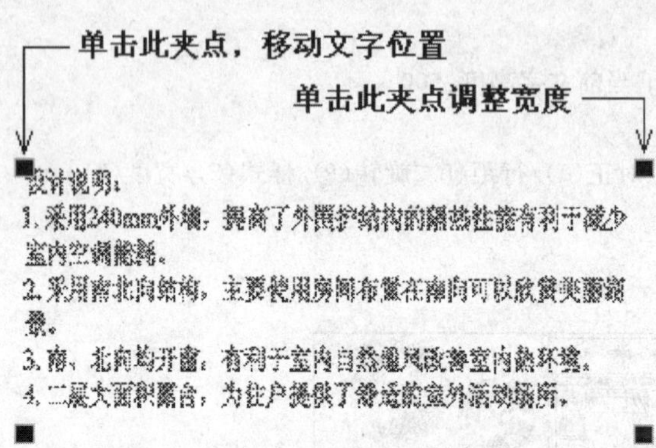

图 6-9 夹点操作调节多行文字

结果文件见“实例 6-2 _ final. dwg”。

【实例 6-3】 修改文字特性

打开“实例 6-3. dwg”文件，修改图名、地名、河流名称的文字样式，完成后效果如图 6-10 所示。具体要求是：图名用“华文新魏”5 号字，地名用“黑体”2.5 号字，河流名称

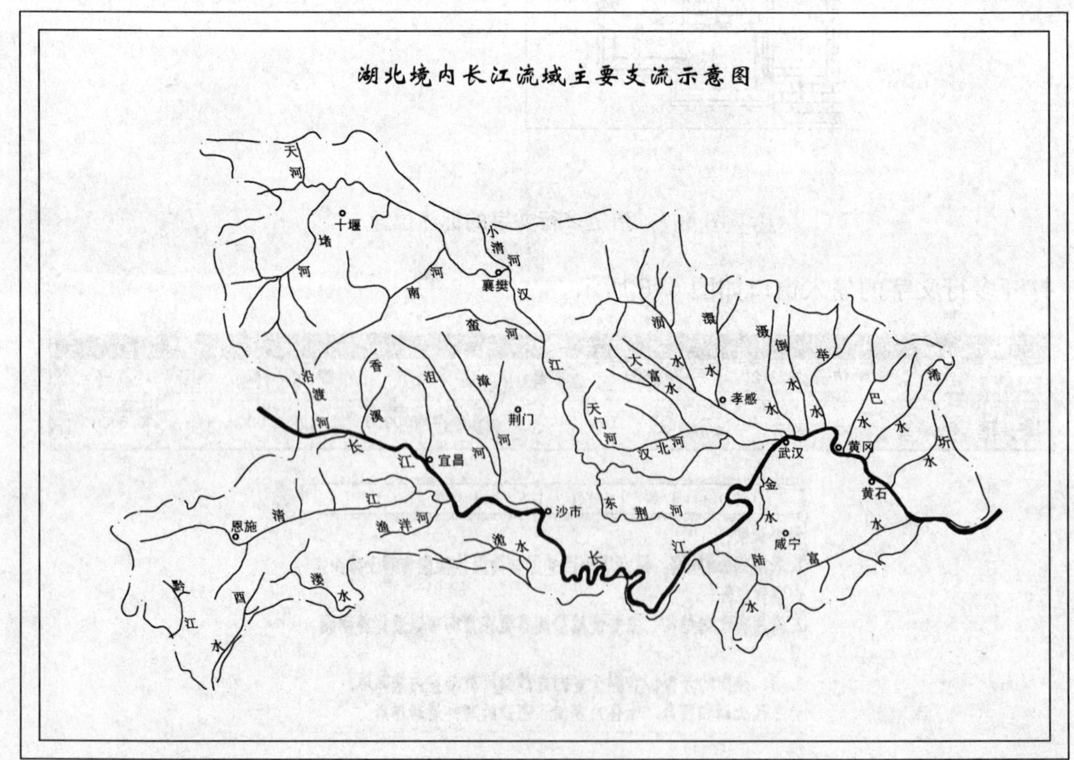

图 6-10 修改文字特性

用“宋体”2.5号字。已设置所需文字样式，下面介绍几种修改方法。

(1) 利用样式工具栏。操作：①选择需要修改的文字如“武汉”(可以多选)。②在“样式”工具栏上选择文字样式列表中“simhei”。③按 Esc 键，如图 6-11所示。

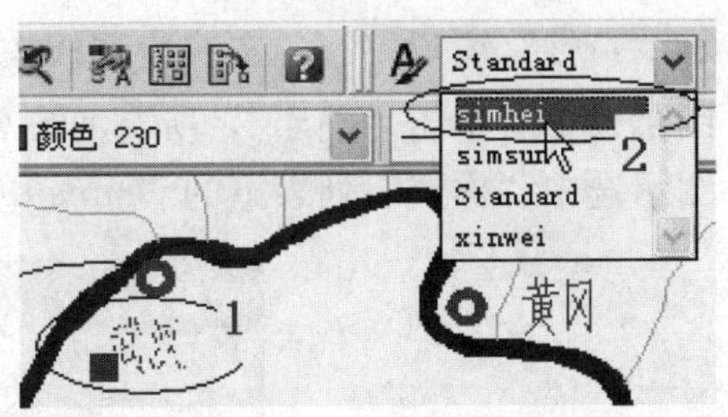

图 6-11 利用样式工具栏修改文字特性

同样方法逐个修改所有文字。

(2) 利用“特性”窗口。操作：①选择需要修改的文字如“浠”“水”。②按 Ctrl+1，在“特性”窗口“样式”列表下选择“simsun”。③按 Esc 键，如图 6-12 所示。

同样方法逐个修改所有文字。

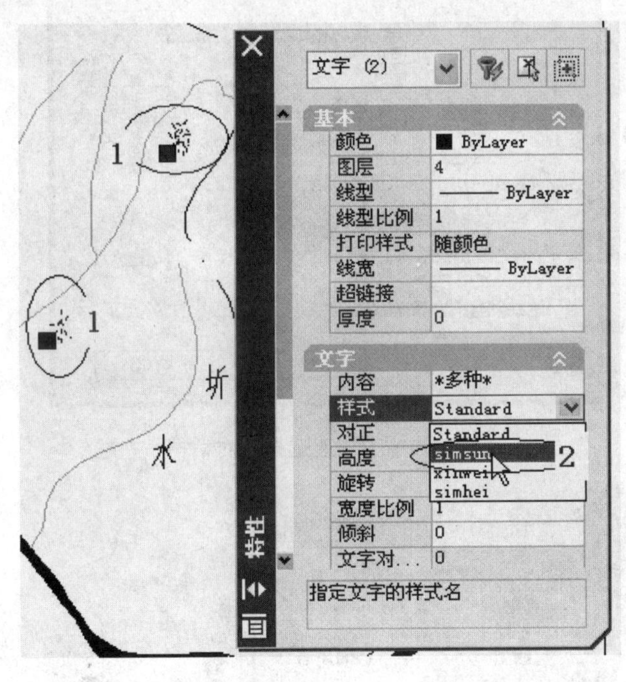

图 6-12 利用“特性”窗口修改文字特性

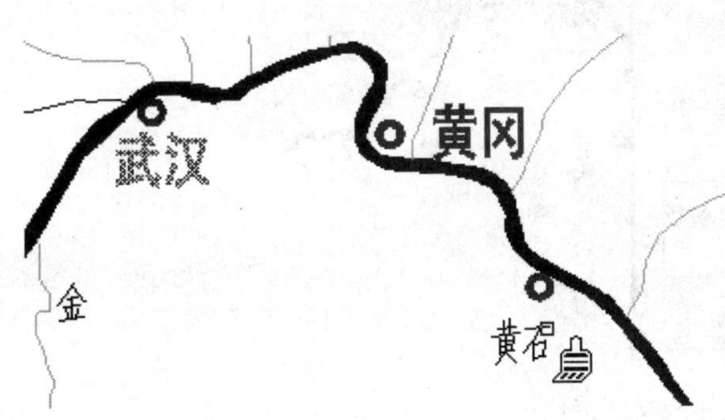

图 6-13 利用“格式刷”修改文字特性

(3) 使用“格式刷”(特性匹配)命令。以修改地名为例，操作如下：①按上述方法修改“武汉”为黑体。②单击按钮(格式刷)，选择文字“武汉”。③在光标呈“刷子”状时选择其他地名文字“黄冈”、“黄石”等，如图 6-13 所示。

同样方法逐个修改所有河流名。

(4) 快速选择、批量修改。操作：①按上述方法修改完地名。②按 Ctrl+1 显示“特性”窗口。③单击快速选择按钮，显示“快速选择”对话框，如图 6-14 所示。按图示设置后单击“确定”，所有河流名称都选中。④返回“特性”窗口，如图 6-15 所示。按图示选中“样式”列表下的“simsun”。⑤按 Esc 键，结束。

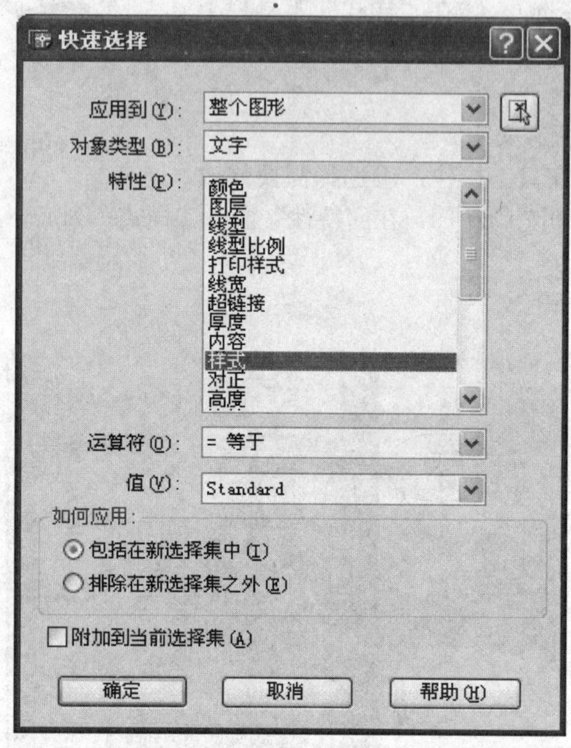

图 6-14 “快速选择”对话框

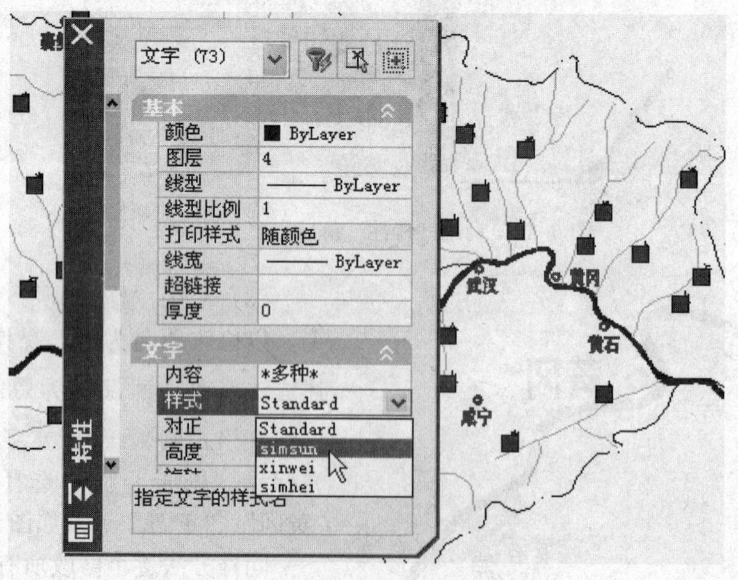

图 6-15 批量修改文字特性

结果文件见“实例 6-3 _ final. dwg”。

【实例 6-4】 讨论：格式刷怎么不管用了？

（1）现象。打开“实例 6-4. dwg”文件，启动“特性匹配”（格式刷）命令，选择“武汉”之后再选择“黄冈”、“黄石”等，发现“黄冈”、“黄石”的字体仍为宋体，并没有改变为与“武汉”字体相同的黑体，只是改变了颜色及宽度比例（见图 6-16），这是为什么？

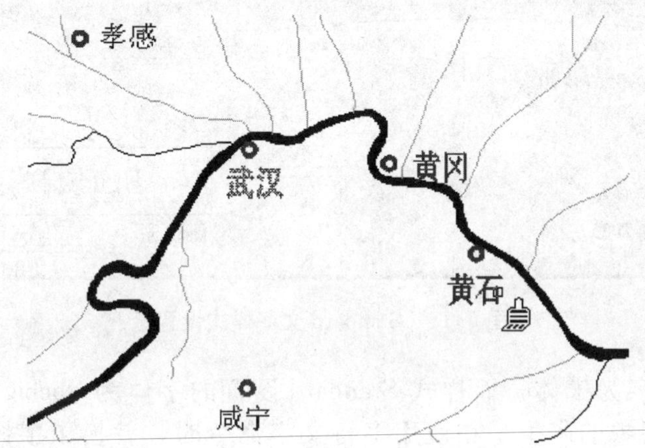

图 6-16　“特性匹配”修改文字特性

（2）讨论。

1）查看地名文字特性（选择除“武汉”外的地名文字，按 Ctrl+1）可知，地名文字使用 mtext（多行文字）命令标注，使用的文字样式为 Standard。查看“武汉”字体特性可知，它是样式为 simhei 的多行文字（见图 6-17）。

2）查看文字样式 Standard 的设置，如图 6-18 所示。standard 文字样式使用了字体文件“txt. shx+gbcbig. shx”，汉字字体为 gbcbig. shx。

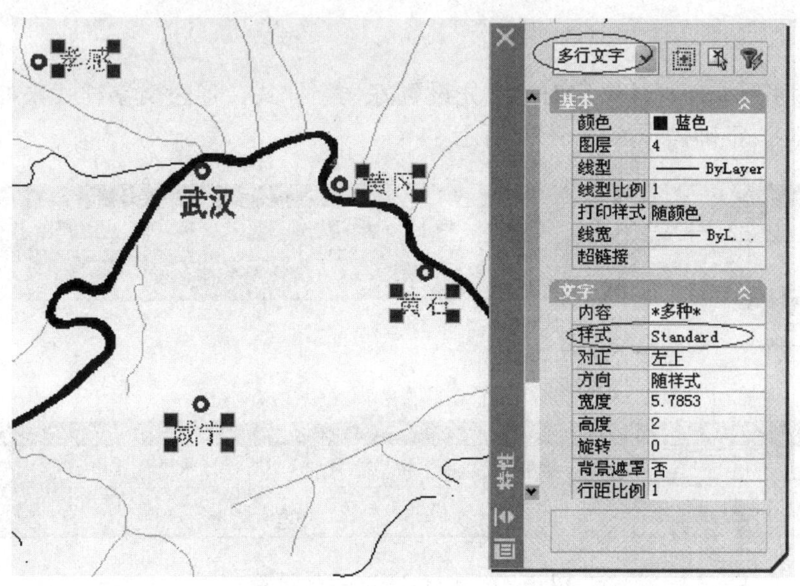

图 6-17　查看地名文字特性

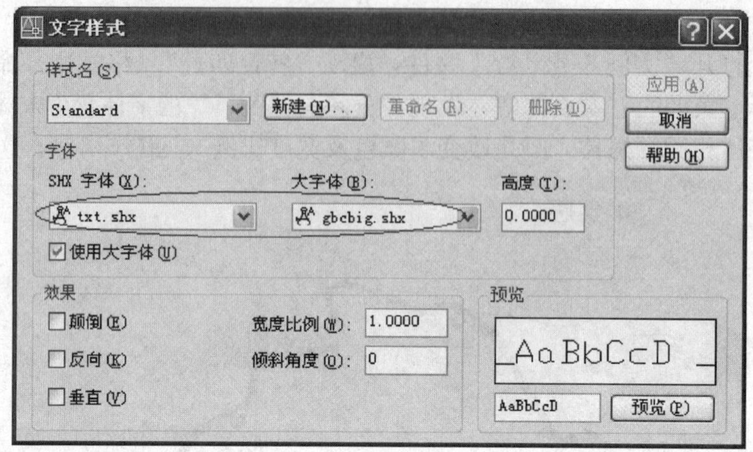

图 6-18 Standard 文字样式设置

3）图中地名文字为宋体，而样式 Standard 设置的字体为 gbcbig. shx，可见地名文字不随样式。这种现象的产生是在使用多行文字命令时，替换了字体所致，如图 6-19 所示。

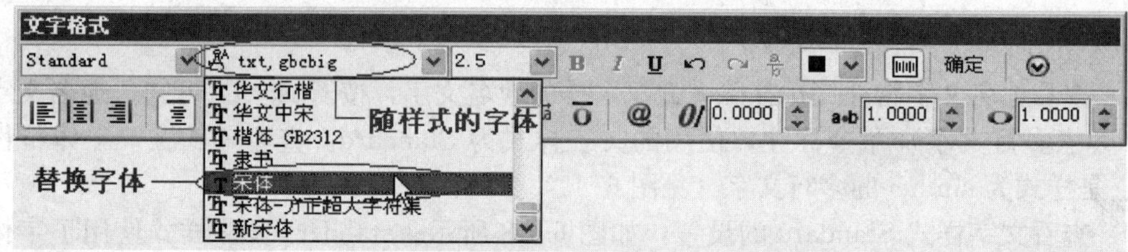

图 6-19 多行文字中修改字体设置

（3）结论。

1）在使用多行文字标注文字时，应先设置好文字样式，通过文字样式来控制字体，而不要自定义字体。正确操作如图 6-20 所示。

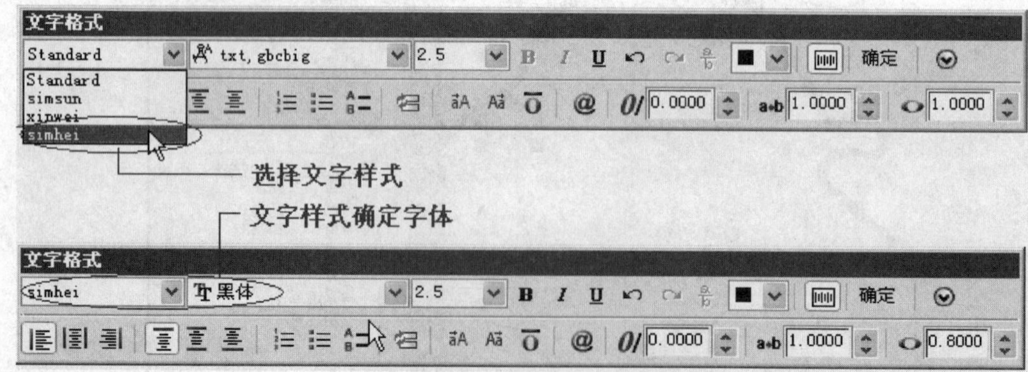

图 6-20 多行文字的字体设置

2）按图 6-20 设置多行文字的字体后，所标注文字的字体是随样式的，只有随样式的文字对象才能使用“格式刷”修改字体。

6.3 自主练习

打开“练习 6-1.dwg”文件，图中“设计说明”采用了单行文字，由于超出图框之外，要求编辑调整成图 6-6 所示的排列。

此练习说明：单行文字重新编辑排版比较麻烦，因此对于段落文字推荐使用多行文字命令来标注。

实训七　尺寸标注

7.1　技能要点

（1）各种标注方法：线性标注、对齐标注、角度标注、弧长标注、直径标注、半径标注、连续标注、基线标注。建筑图上大部分为线性标注，常用方法是线性标注、连续标注与基线标注。

（2）尺寸要素的外观控制：尺寸线、尺寸界线、尺寸文字、尺寸箭头的外观特征应符合工程图国家标准的相关规定。

（3）标注样式：为了规范尺寸标注必须预先设定标注样式，样式中标注要素的特征大小不考虑打印比例，一律按物理图纸上的大小指定。

（4）标注特征比例：在模型空间标注尺寸时，选择“使用全局比例”并取值为打印比例的倒数；在图纸空间标注尺寸时，选择“按布局缩放标注”。

（5）编辑标注：准确的尺寸标注源于精确的绘图与正确的标注操作，不提倡编辑改写尺寸测量值，不提倡分解尺寸标注。

7.2　实例指导

【实例 7-1】 标注样式

新建标注样式，标注如图 7-1 所示图形的尺寸。

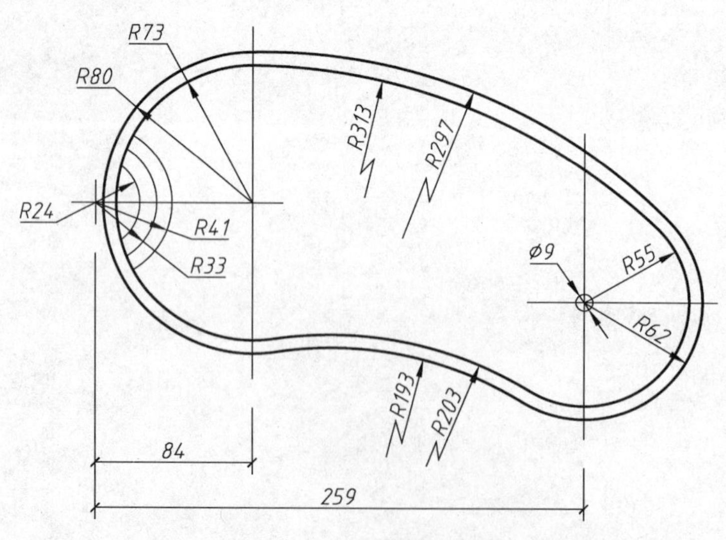

图 7-1　平面图形的尺寸

要求：按建筑图标准设置标注样式，在模型空间标注尺寸，打印比例按 1∶2 考虑。

打开“实例 7-1. dwg”文件，先设置标注样式，再标注尺寸。

(1) 设置文字样式“gbeitc：gbeitc. shx”，用于尺寸文字的字体，如图 7-2 所示。

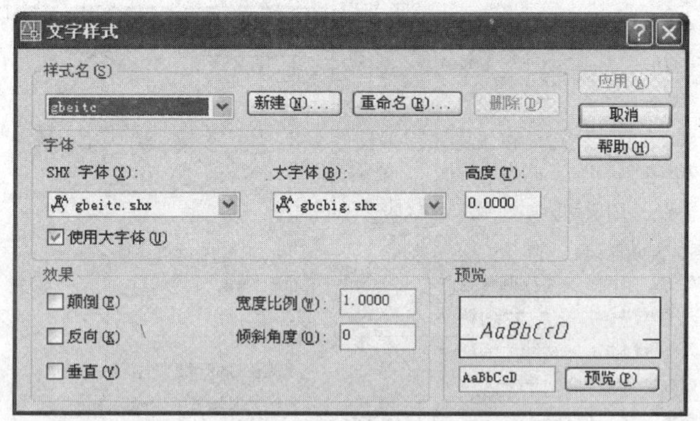

图 7-2　“文字样式”对话框

(2) 设置标注样式：主样式命名为“dim”，设置“线性”、“半径”、“直径”三个子样式，设置如图 7-3 所示。

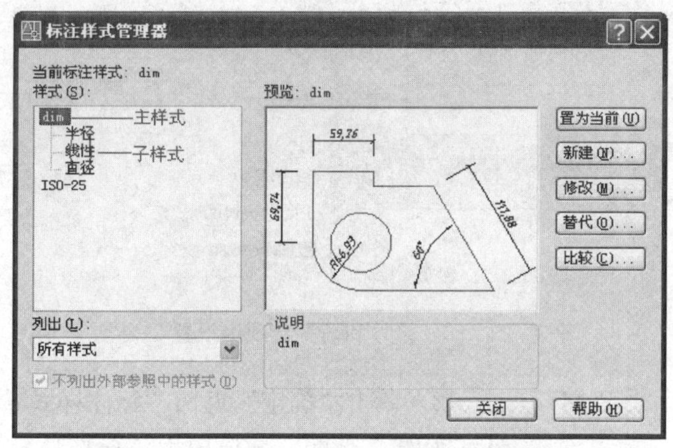

图 7-3　“标注样式管理器”对话框

1) 启动“标注样式管理器”，单击“新建”，输入样式名“dim”，选择用于“所有标注”，如图 7-4 所示。

单击“继续”，显示“新建标注样式 dim”对话框，设置如下：

“直线”选项卡：尺寸线“基线间距”取值 8、尺寸界线“超出尺寸线”取值 2、“起点偏移量”取值 3，如图 7-5 所示。

“符号和箭头”选项卡：“箭头大小”取值 3。

“文字”选项卡：“文字样式”选择“gbeitc”、“文字高度”取值 3.5，如图 7-6 所示。

“调整”选项卡：标注特征比例设 DIMSCALE=2，如图 7-7 所示。

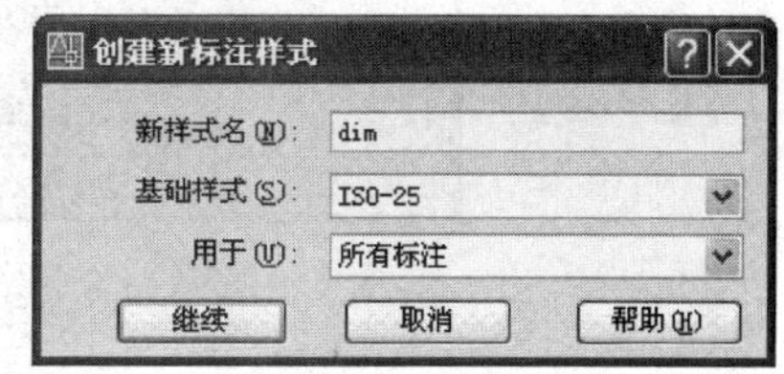

图 7-4　“创建新标注样式”对话框

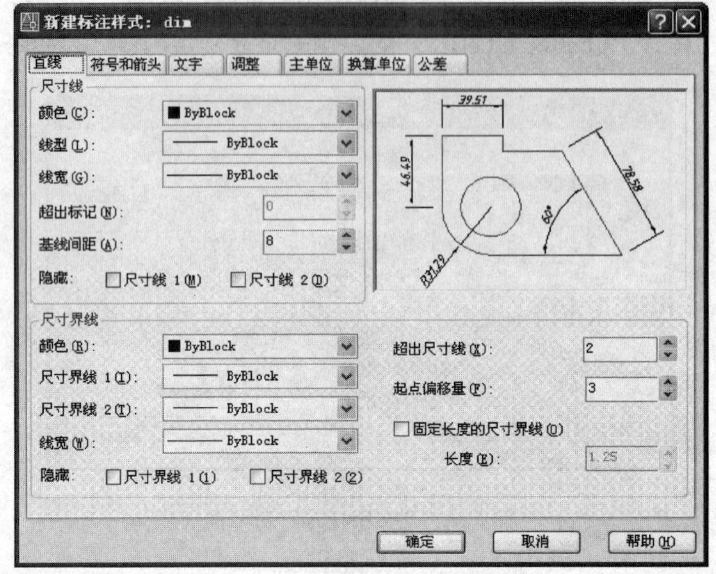

图 7-5 “直线”选项卡设置

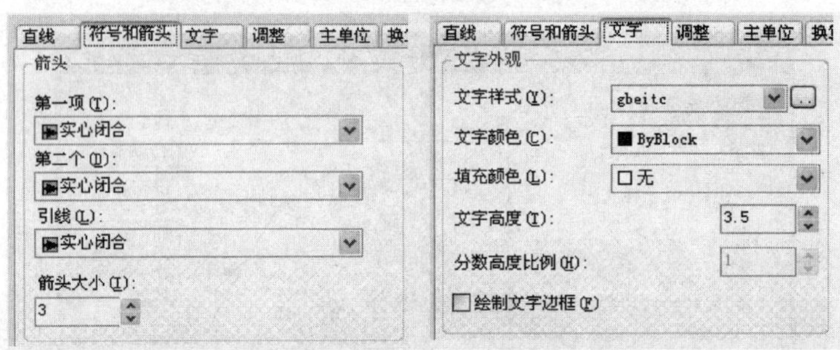

图 7-6 符号和箭头选项卡设置

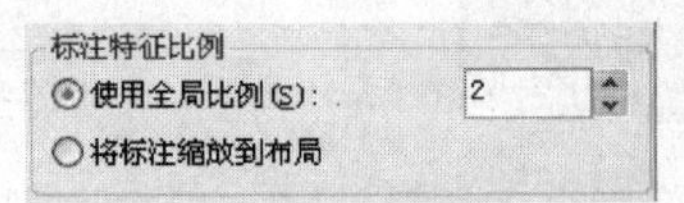

图 7-7 全局比例（DIMSCALE）设置

2）单击“确定”返回“标注样式管理器”对话框，单击“新建”按钮，选择用于“线性标注”，如图 7-8 所示。单击“继续”，在“符号和箭头”选项卡修改箭头为“建筑标记”，“箭头大小”取值 2。

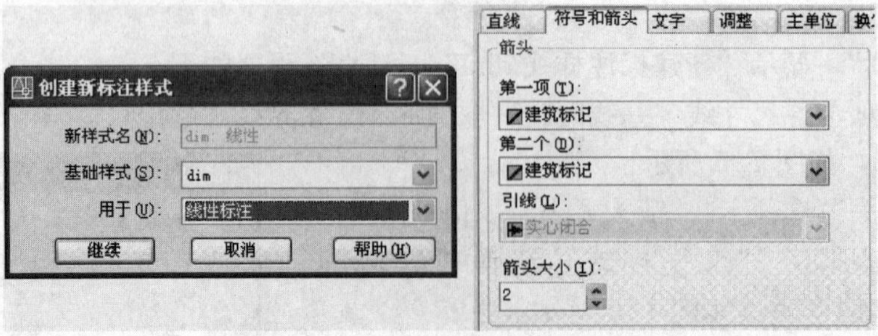

图 7-8 创建“线性”子样式

3）单击“确定”返回“标注样式管理器”对话框，单击“新建”按钮，选择用于“半径标注”，如图7-9所示。“半径”子样式设置如下：

“符号和箭头”选项卡：折弯标注的“折弯角度”设为30，如图7-10所示。

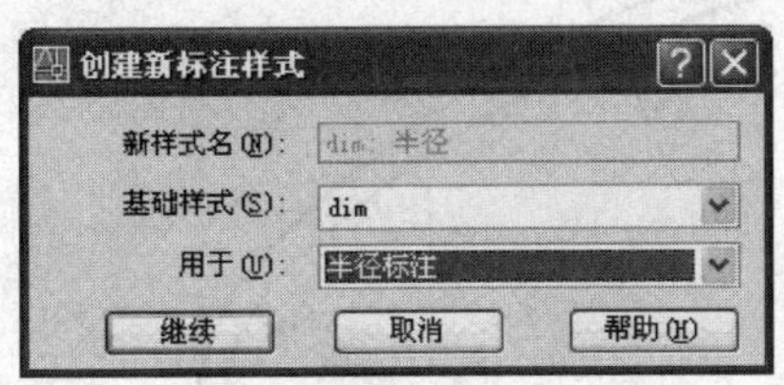

图7-9　创建“半径”子样式

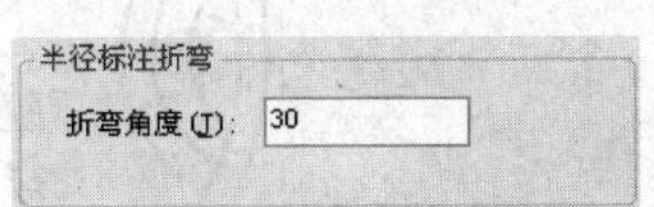

图7-10　半径“折弯”设置

“文字”选项卡：“文字对齐”选择“ISO标准”。

“调整”选项卡：“调整选项”选择“文字”、“优化”选择“手动放置文字”，如图7-11所示。

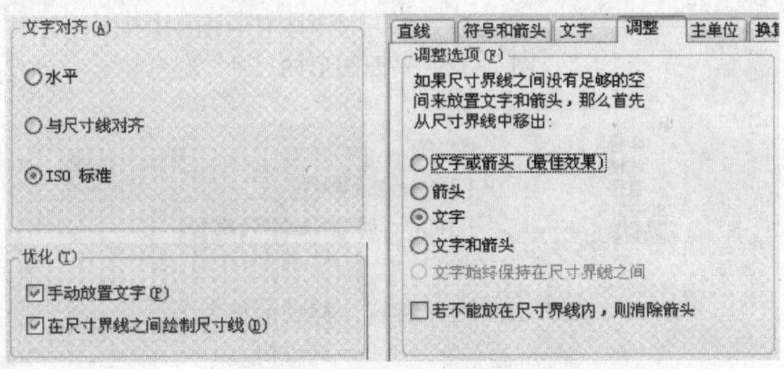

图7-11　“半径”子样式设置

4）单击“确定”返回“标注样式管理器”对话框，单击“新建”按钮，选择用于“直径标注”，“直径”子样式参照图7-11进行设置。

其他未提及的均按默认设置，设置完毕，置“dim”为当前样式。

(3) 以“尺寸”层为当前层，“线性”标注命令标注尺寸“84”，“基线”标注命令标注尺寸“259”，“直径”标注命令标注“ϕ9”，“半径”标注命令标注“*R*55”、“*R*62”等小半径尺寸，“折弯”标注命令标注大半径“*R*193”、“*R*203”等。标注效果如图7-1所示。

在低版本中没有“折弯”标注命令，可以另设一个“大半径”样式，标注效果如图7-12所示。“大半径”样式的设置为：取消优化的“在尺寸界线之间绘制尺寸线”选择，如图7-13所示。

【实例7-2】 建筑剖面图的尺寸标注（见图7-14）

要求：按建筑图标准设置标注样式，在模型空间标注尺寸，图形按1∶100打印。

(1) 打开“实例7-2.dwg”文件，其中已设置文字样式“gbeitc：gbeitc.shx＋gbcbig.shx”和“complex：complex.shx”。

(2) 设置标注样式：启动“标注样式管理器”对话框，单击“新建”，输入样式名“dim”按“继续”按钮；在“直线”、“符号和箭头”、“文字”卡片上，参照图7-15进行设置，这里设置一个主样式即可，因为除了线性尺寸之外没有其他的标注；单击“调整”卡片，选择“使用全局比例”，设DIMSCALE＝100（因为打印比例为1∶100）。

其他未提及的均按默认设置。

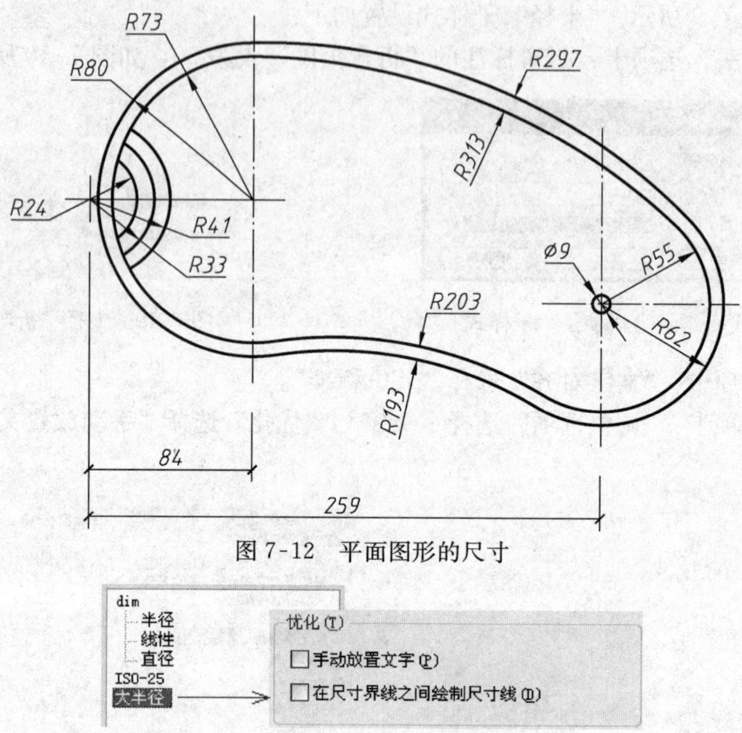

图 7-12 平面图形的尺寸

图 7-13 大半径标注样式的设置

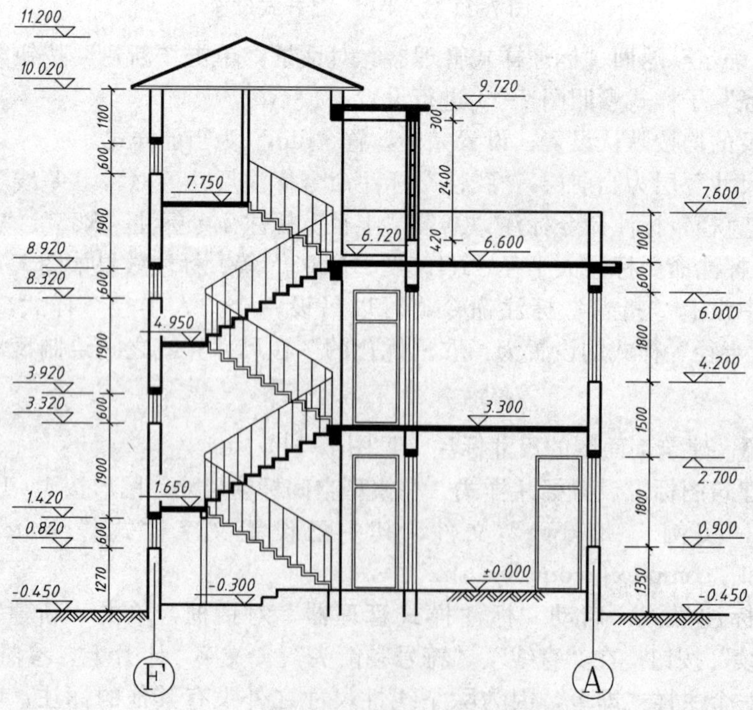

图 7-14 建筑剖面图的尺寸标注

尺寸界线
颜色(R)：□ByBlock　超出尺寸线(X)：2
尺寸界线1(I)：ByBlock　起点偏移量(F)：5
尺寸界线2(T)：ByBlock　□固定长度的尺寸界线(O)
线宽(W)：ByBlock　长度(E)：1.25
隐藏：□尺寸界线1(L)　□尺寸界线2(2)

箭头
第一项(T)：建筑标记
第二个(D)：建筑标记
引线(L)：实心闭合
箭头大小(I)：1.5

文字外观
文字样式(Y)：gbeitc
文字颜色(C)：□ByBlock
填充颜色(L)：□无
文字高度(T)：3.5
分数高度比例(H)：1
□绘制文字边框(F)

图7-15　标注样式设置参考

(3) 以“尺寸”层为当前层，单击“线性”标注命令，参照图7-16操作如下：

命令：_dimlinear
指定第一条尺寸界线原点或＜选择对象＞：　;捕捉点1
指定第二条尺寸界线原点：　;捕捉点2
指定尺寸线位置或
[多行文字(M)/文字(T)/角度(A)/水平(H)/垂直(V)/旋转(R)]：　;移动鼠标拾取点确定尺寸线的位置
标注文字＝1270　;标注尺寸“1270”

再点击“连续”标注命令，操作如下：

命令：_dimcontinue
指定第二条尺寸界线原点或[放弃(U)/选择(S)]＜选择＞：　;捕捉点3
标注文字＝600　;标注尺寸“600”
指定第二条尺寸界线原点或[放弃(U)/选择(S)]＜选择＞：　;捕捉点4
标注文字＝1900　;标注尺寸“1900”
……　;完成左侧所有标注

同样方法标注右侧尺寸。

(4) 标注标高：一种是按教材［实例6-1］的方法先绘制标高符号，再注写标高值，完成一个后再复制编辑得到其他。这是在没有定义属性块时采用的方法，不推荐这样做。较好的方法是定义动态属性块，通过插入属性块完成标高的标注，有关动态块的内容在教材第7章详细介绍。

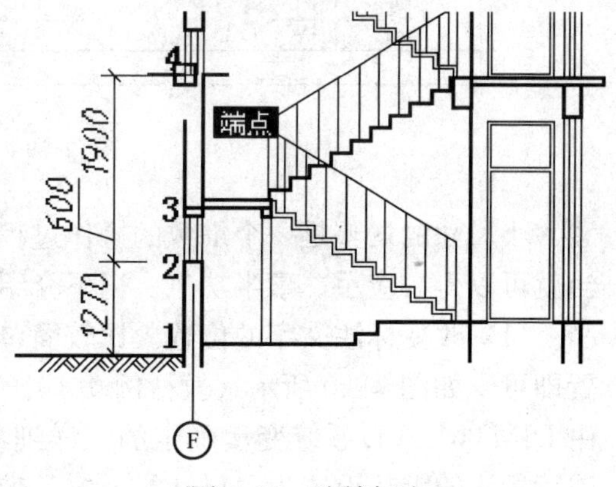

图7-16　连续标注

【实例7-3】　“小尺寸”的调整

在各专业的设计图中，局部较小尺寸的标注是常见的。由于尺寸界线间距较小，没有空间放置箭头和文字，尤其当几个小尺寸连续排列时，按通常方法来标注，文字、箭头的拥挤产生交叉重叠现象。本例从一个水工图中的小尺寸标注来讨论小尺寸调整的方法，这种方法也适用于其他专业的工程图。

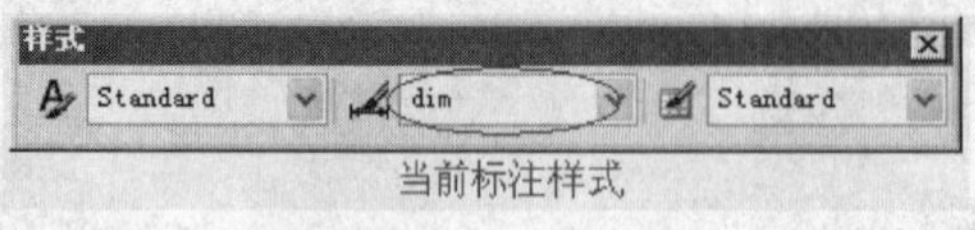

图 7-17 设置当前标注样式

打开“实例 7-3.dwg”文件，其中已经设置好需要的文字样式和尺寸标注样式，确保标注样式“dim”为当前样式，如图 7-17 所示。以“尺寸”层为当前层，参考图 7-18 进行标注，标注效果如图 7-19 所示。

可以看到，多处“小尺寸”发生“拥挤”，必须进行合理调整。

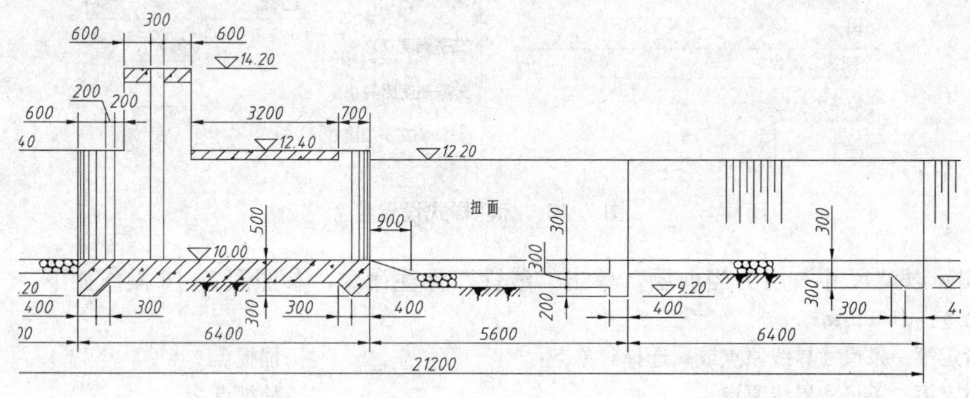

图 7-18 水闸纵剖视图的尺寸标注

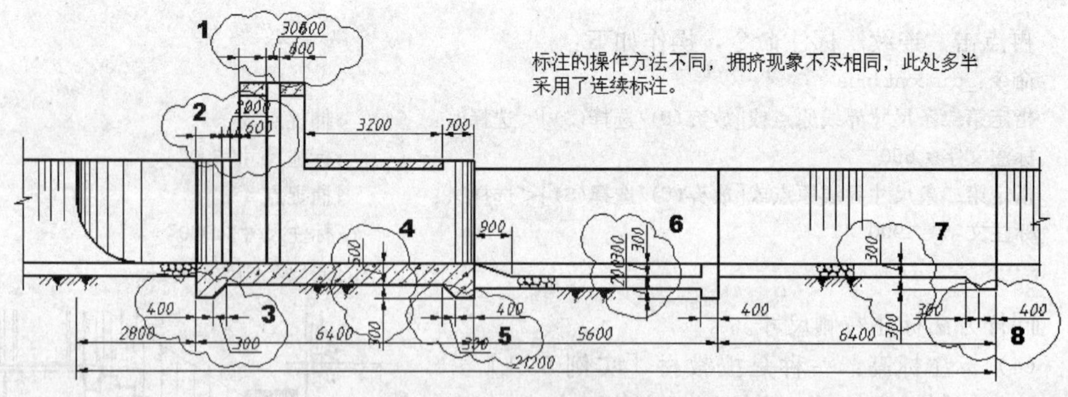

图 7-19 小尺寸“拥挤”现象

小尺寸的调整是一个细致的操作过程，比较费时，但只要概念清楚、设置合理、操作适当就可以得心应手、事半功倍。以下介绍几种调整方法。

(1) 改变标注文字的位置。比较简单的情况可以利用夹点操作，适当移动标注文字的位置即可，如图 7-20 所示（教材例 6-1 中台阶的尺寸）。有时尺寸线会随文字一起移动，这是由 DIMTMOVE 系统变量确定的，详细参见教材 6.2.5 节中关于“文字位置”移动规则。连续标注的默认设置为“尺寸线上方，带引线”，夹点移动时尺寸线是不动的。缺省情况下的“线性”标注，尺寸线是随夹点移动而移动的，需要时利用“特性”选项板修改移动规则，“文字移动”选择“尺寸线上方，不加引线”即可。

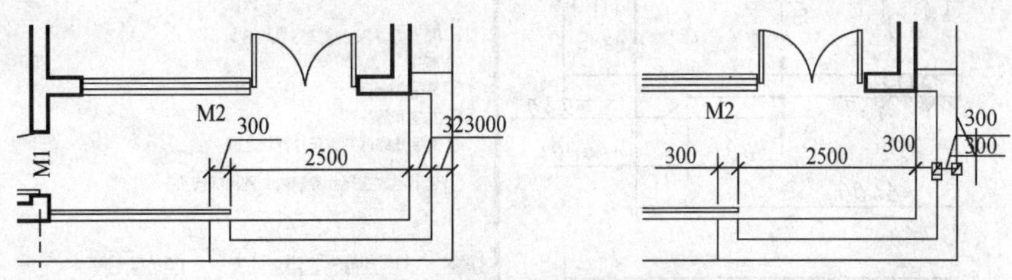

图 7-20　夹点移动文字位置

(2) 修改标注箭头的形式。利用“特性”选项板，适当修改标注箭头的形式，可以改善小尺寸的排列。如本例“1”、“2”两处的小尺寸修改前后的对比如图 7-21 所示。这里修改的思路是，保留这一串连续小尺寸最外侧的箭头，中间部位的箭头全改为“小点”。具体修改操作见图 7-30。

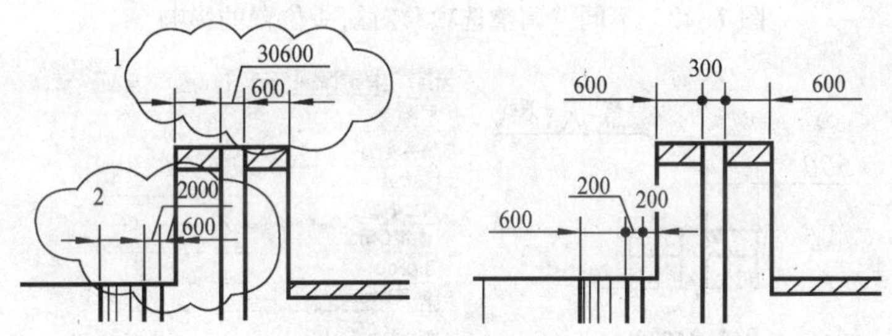

图 7-21　利用“特性”选项板修改小尺寸的箭头

要指出的是，要达到图 7-21 的调整效果，标注样式中应选择“调整选项”下的“箭头”选项，否则也可能达不到正确的排列结果。图 7-22 是本例“7”、“8”两处在不同“调整选项”设置下的修改结果的对比。可以看出选择“箭头”时的排列才是合适的。各调整选项的意义见教材 6.2.5 节关于“调整选项”的描述。一张图中极个别地方作这样的修改是可行的，如果多处需要这样的操作，从工作效率来考虑是不可取的。

(3) 使用不同样式。设置两个能够标注如图 7-23 所示外观的尺寸样式，名为“Dot _ Arrow”样式的第一箭头为“小点”，第二箭头为“实心闭合箭头”；名为“Dot _ Dot”样式的两个箭头都采用“点”，大小设置为 1。具体设置如图 7-23 所示。

设置这样的标注样式之后，只要利用“样式”工具栏将发生“拥挤”的小尺寸更换样式即可。本例“5”、“6”两处更换样式的结果如图 7-24 所示，两侧的标注使用“Dot _ Arrow”样式，中间部位的标注用“Dot _ Dot”样式。

(4) 小尺寸的标注箭头一律使用“点”。直接使用“Dot _ Dot”样式标注小尺寸，如图 7-25 所示。同样使用斜线代替箭头也可以避开小尺寸箭头“拥挤”的现象。

以上介绍了四种调整“小尺寸”的方法。简单情况下使用第一种方法，复杂时采用第三种方法，设置多个小尺寸样式，通过样式更换来调整小尺寸。

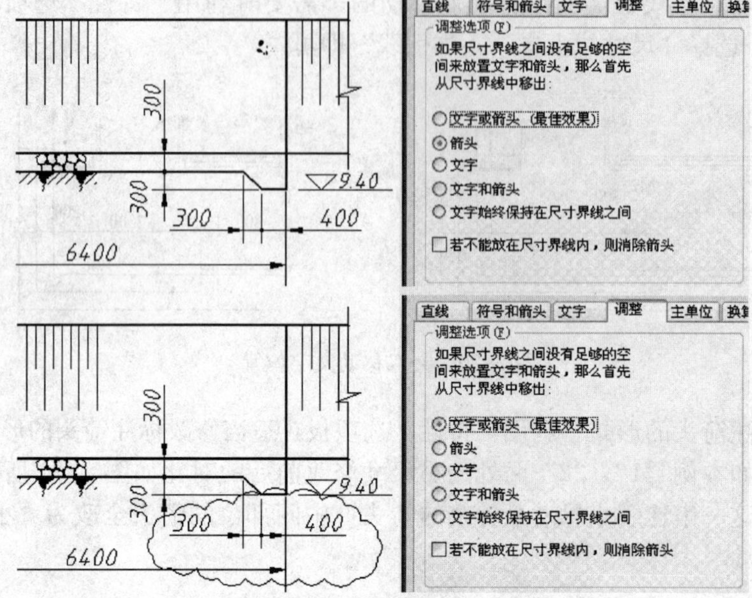

图 7-22 不同“调整选项”对箭头位置的影响

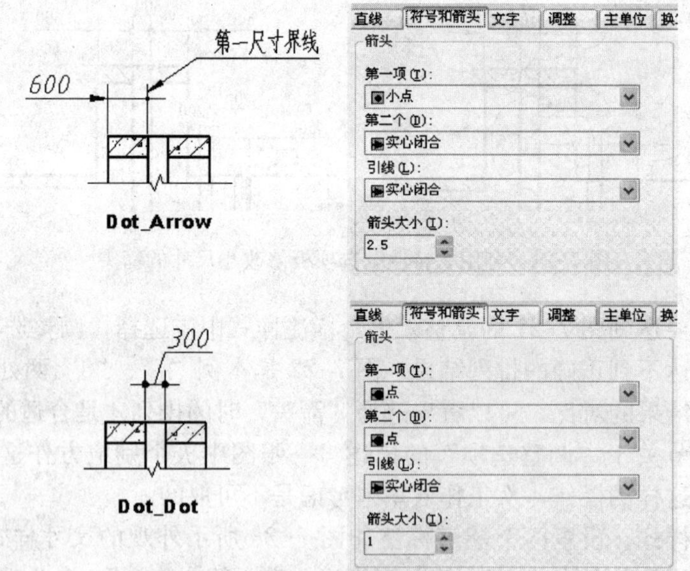

图 7-23 小尺寸标注样式

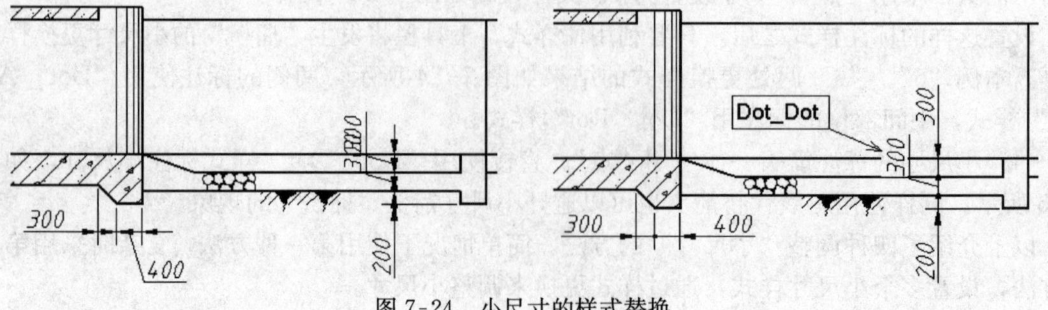

图 7-24 小尺寸的样式替换

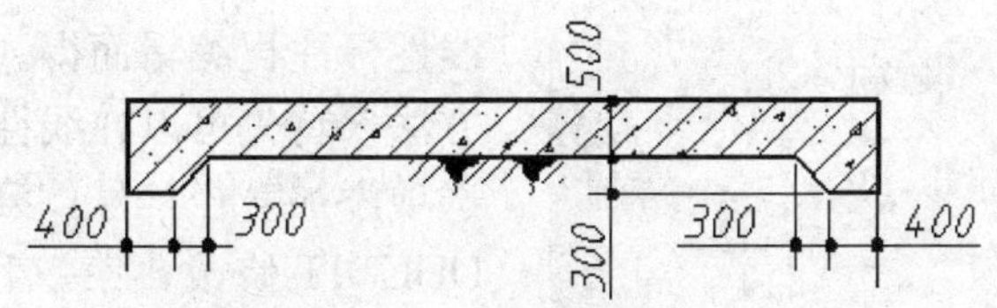

图 7-25　小尺寸的标注箭头用“点”

【实例 7-4】 轴承座的尺寸标注（见图 7-26）

要求：采用 1∶2 打印，A4 图幅。

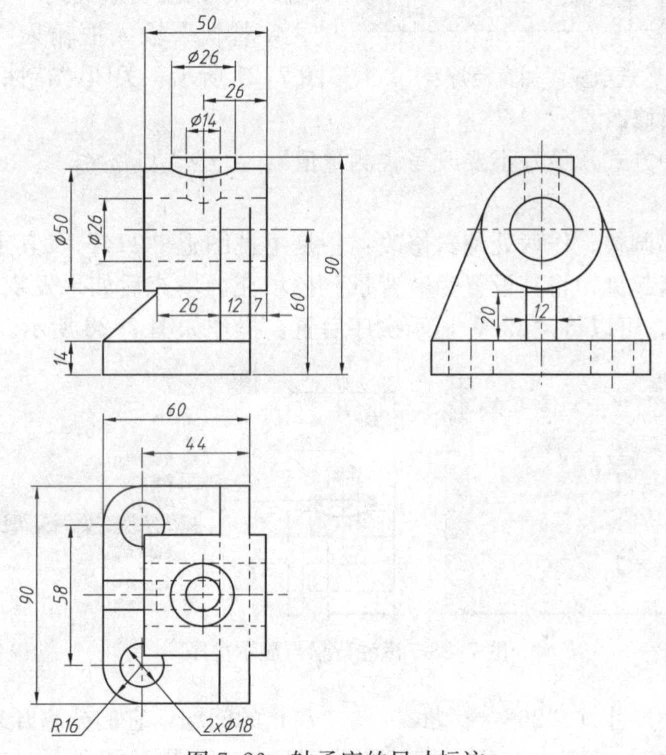

图 7-26　轴承座的尺寸标注

操作过程及要点说明如下。

(1) 设置文字样式。打开“实例 7-4.dwg”，设置文字样式“gbeitc：gbeitc.shx”，用于尺寸文字的字体。

(2) 设置标注样式。主样式命名为“dim”，设置“半径”、“直径”两个子样式（“线性”子样式采用主样式的公共设置，可以省略），设置如下：

1) 主样式公共设置：尺寸线“基线间距”取值 7、尺寸界线“超出尺寸线”取值 2；“文字样式”选择“gbeitc”、“文字高度”取值 3.5；标注特征比例设 DIMSCALE＝2。

2)“半径”子样式设置：“文字对齐”选择“ISO 标准”；“调整选项”选择“文字”、“优化”选择“手动放置文字”。

3)“直径”子样式设置：同“半径”子样式的设置。

(3) 标注尺寸。以“尺寸”为当前层，参照图 7-26 完成各部分尺寸标注。

说明一下直径的标注方法，除 2×ϕ18 使用“直径”标注命令之外，其余各处直径都用

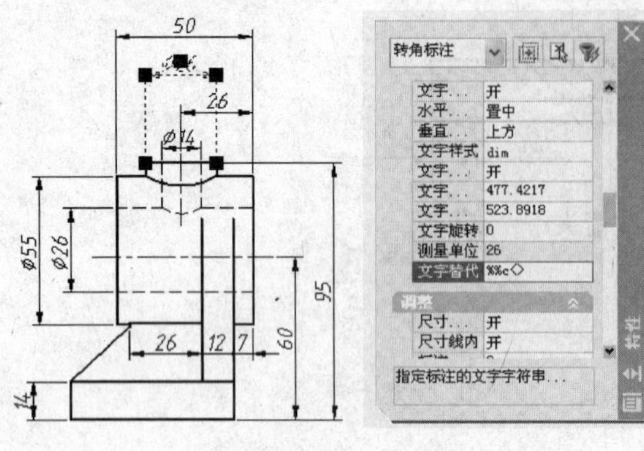

图 7-27 “特性”选项板添加直径符号

线性标注再编辑而得。具体可以有 3 种处理方法：首先可以在线性标注过程中通过命令选项添加直径符号；第二种方法是先标注再 DDEDIT 修改；第三种方法是利用“特性”选项板修改。下面以“ϕ26”为例说明“特性”选项板修改的方法：

双击线性标注“26”，弹出“特性”选项板，下拉滚动条找到“文字”选项组，在“文字替代”输入框输入“％％c＜＞”，如图 7-27 所示，关闭“特性”选项板，按 Esc 键取消夹点完成编辑修改。

注意：无论哪种方式，最好不要改写“测量值”，上述“％％c＜＞”中的尖括号“＜＞”代表“测量值”。

（4）必要的局部调整。作两处编辑修改：一是主视图上“ϕ14”及其定位尺寸“26”有图线穿过，为了清晰起见，将其设置为“背景”色填充。填充后如果发现“ϕ26”的尺寸界线仍穿过尺寸“26”，可以将“ϕ26”显示次序后置。操作如图 7-28 所示。

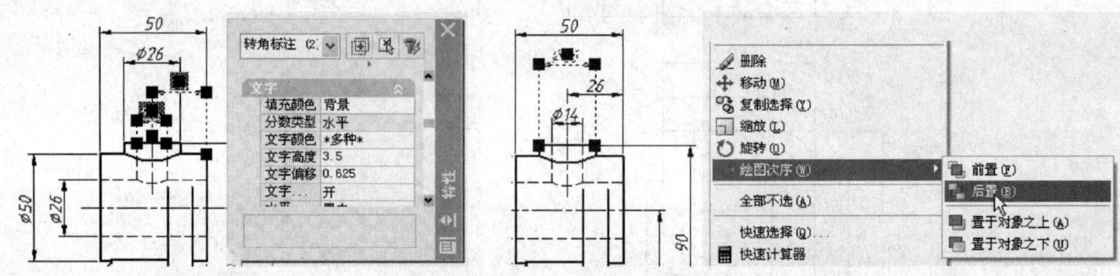

图 7-28 标注背景与显示次序

另一处是连续小尺寸（“26”－“12”－“7”）的问题，它们分离开来如下图，一起连续标注后“12”与“7”的箭头交叉，显然是不合适的，如图 7-29 所示。

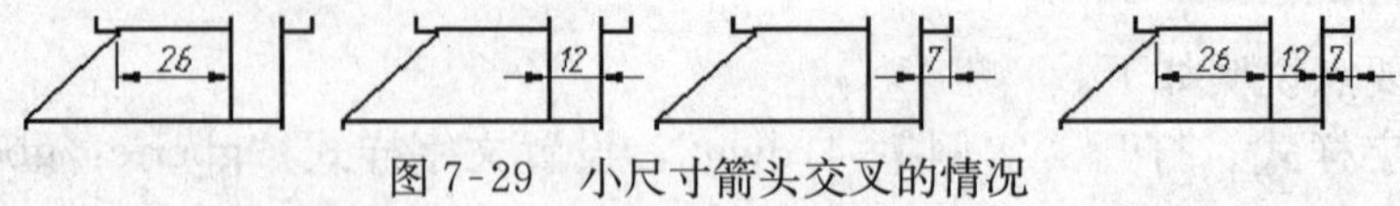

图 7-29 小尺寸箭头交叉的情况

可以使用“特性”选项板，将“12”的两个箭头修改为“无”，“7”的左端箭头修改为“小点”，如图 7-30 所示。

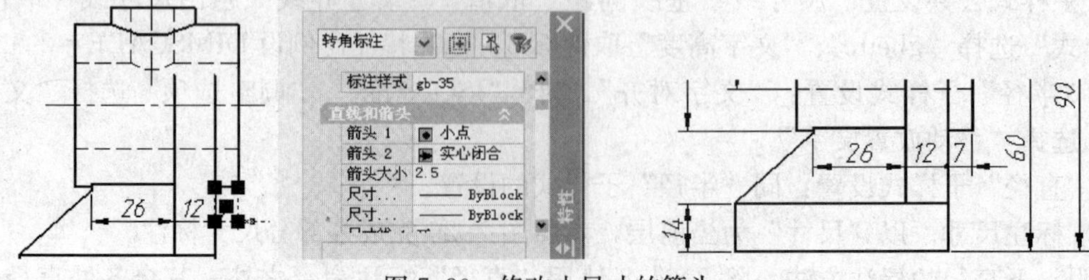

图 7-30 修改小尺寸的箭头

（5）完成标注，保存图形。

【实例 7-5】 公差标注

打开“实例 7-5.dwg”文件，如图 7-31 所圈出的之外，所有标注已完成。要求标注图形中两处配合与公差和一处形位公差，操作过程及要点说明如下。

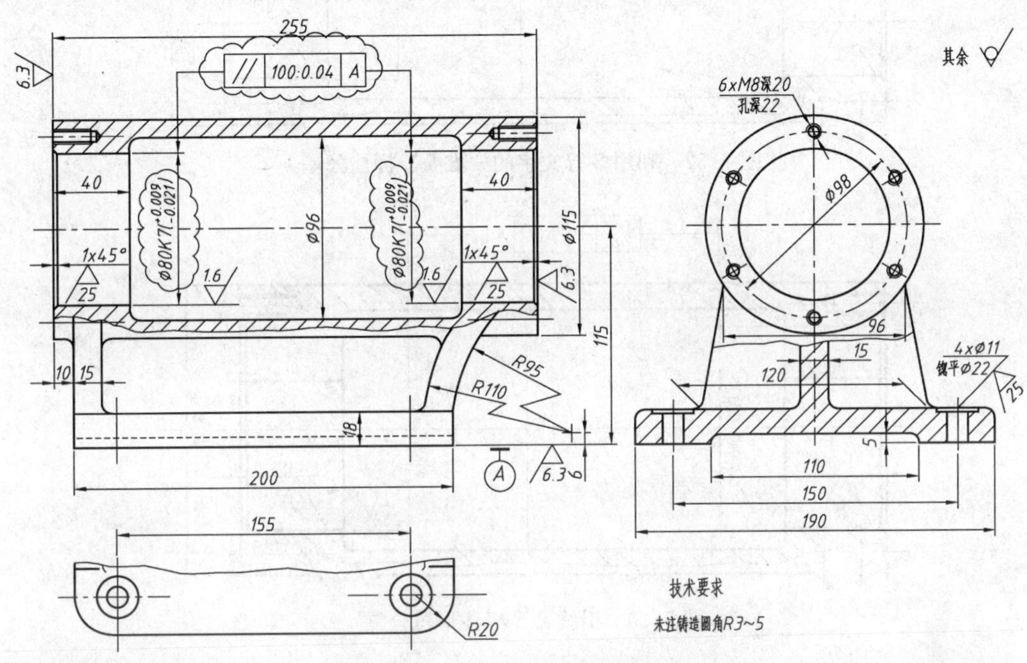

图 7-31　泵体的尺寸标注

（1）ϕ80K7 的公差标注。执行线性标注命令，选择“多行文字（M）”选项，从在位编辑框输入“%%c80K7（+0.009^−0.021）”（注意不要改写“80”），选中括号内“+0.009^−0.021”的文字段，单击“堆叠”按钮，如图 7-32 所示。

（2）形位公差的标注。执行“快速引线”命令，操作如下：

```
命令:_qleader                              ;单击[图标]执行快速引线命令
指定第一个引线点或[设置(S)]<设置>:          ;回车
                                           ;在"注释"选项卡选择"公差","确定"
指定第一个引线点或[设置(S)]<设置>:          ;拾取点 1,如图 7-33 所示
指定下一点:                                ;拾取点 2
指定下一点:                                ;拾取点 3
```

拾取点 3 之后，系统弹出“形位公差”对话框。单击“符号”框，在弹出的“特征符号”中选择平行符号“//”，如图 7-34 所示。接下来参照图 7-35 输入公差值和基准代号，单击“确定”完成形位公差的标注。

另一侧引线的绘制。重复执行“快速引线”命令，分别拾取点 4、5、6，弹出“形位公差”对话框时，不设置任何公差，直接单击“确定”或“取消”，那么只是单独绘制出所需要的引线。

完成标注，保存图形。

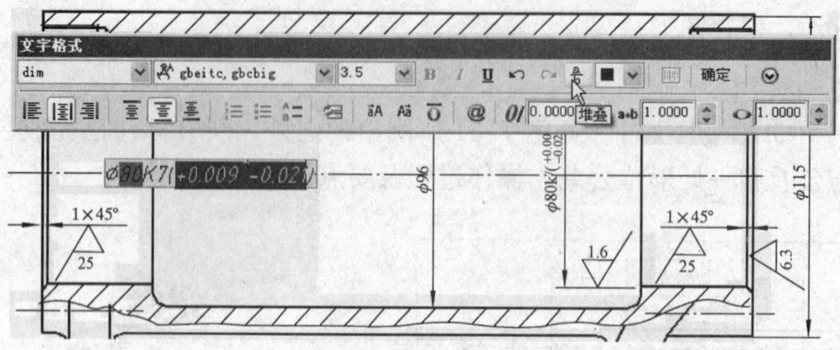

图 7-32　利用多行文字的“堆叠”标注公差

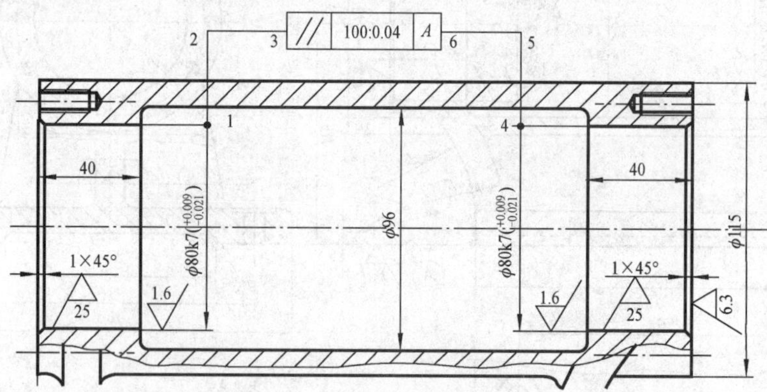

图 7-33　引线命令标注形位公差

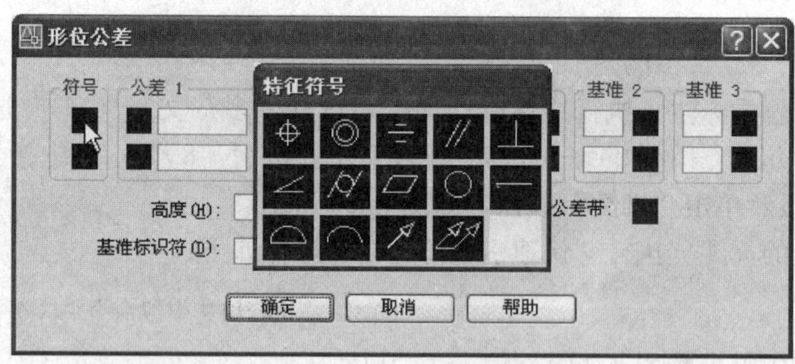

图 7-34　选择特征符号

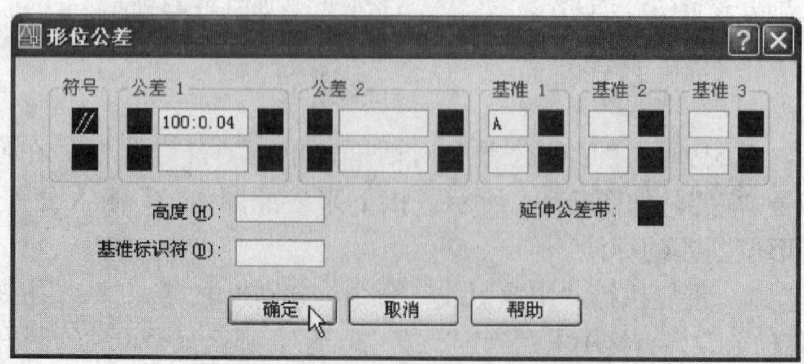

图 7-35　输入形位公差值及基准标识符

7.3　自主练习

(1) 打开“练习 7-1.dwg”文件，参照图 7-36 标注尺寸。

要求：按打印比例 1：1 考虑，先设置好需要的文字样式与标注样式，再标注尺寸。

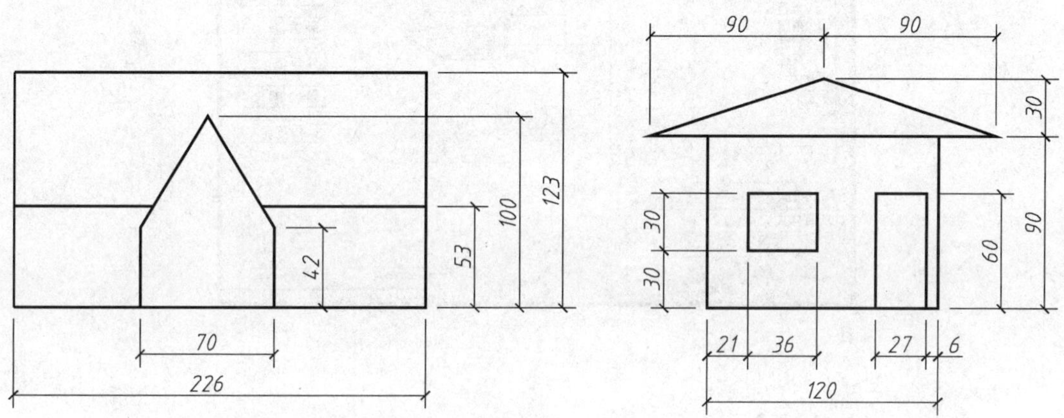

图 7-36　练习 (1) 图

(2) 打开“练习 7-2.dwg”文件，参照图 7-37 标注尺寸。

要求：按打印比例 1：100 考虑，先设置好标注样式，再标注尺寸。

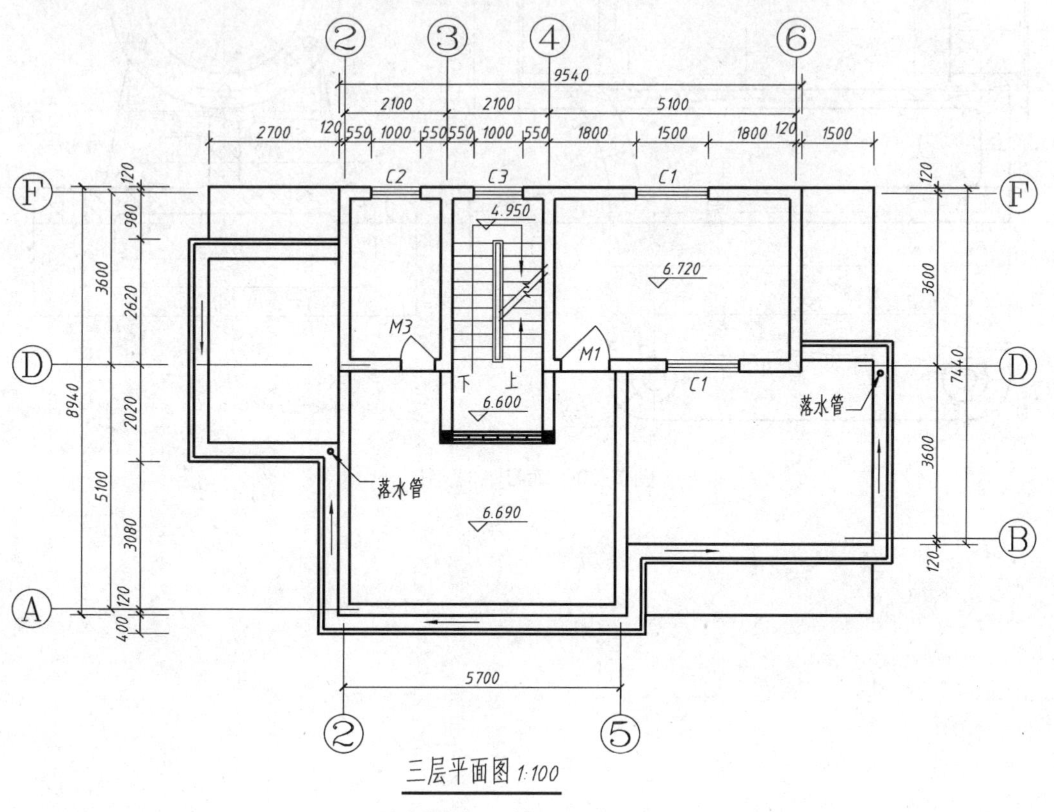

图 7-37　练习 (2) 图

（3）打开“练习 7-3. dwg”文件，参照图 7-39 标注尺寸。

要求：按打印比例 1∶2 考虑，先设置图 7-38 所示的标注样式，再标注尺寸。

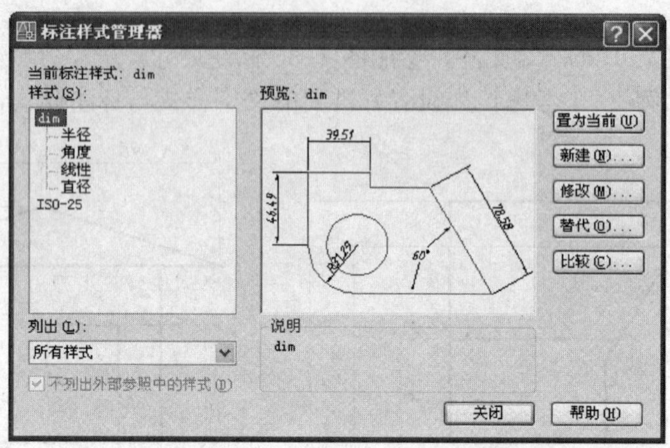

图 7-38

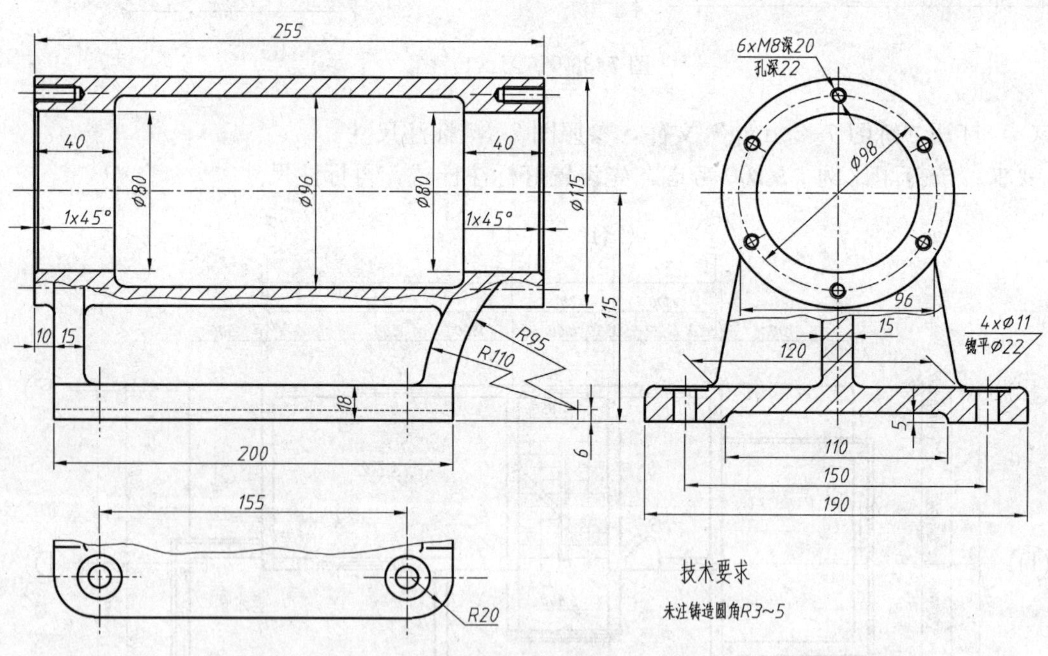

图 7-39 练习（3）图

实训八 块

8.1 技能要点

(1) 块的基本使用方法：创建块（Block）与插入块（Insert）。
(2) 创建块图形库文件。
(3) 使用“设计中心”插入块；使用“工具选项板”插入块。
(4) 属性块的创建与使用。
(5) 动态块的创建与使用。
(6) 块的编辑与修改。

8.2 实例指导

【实例 8-1】 创建图框块

以下用两种方式为图 8-1 所示图形添加图框（结果文件：实例 8-1 _ final. dwg）。

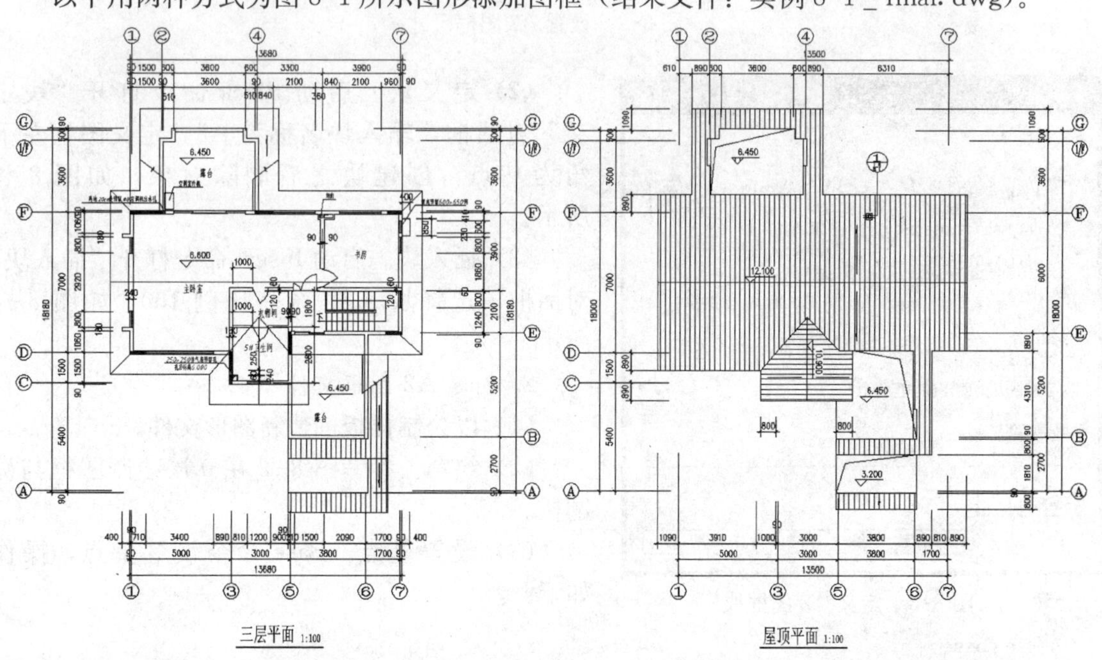

图 8-1 为图形添加图框

1. 在图形文件中创建块

打开“实例 8-1. dwg”文件，按如下操作。

(1) 绘图。参考图 8-2 所示尺寸在 0 层绘制图框与标题栏。

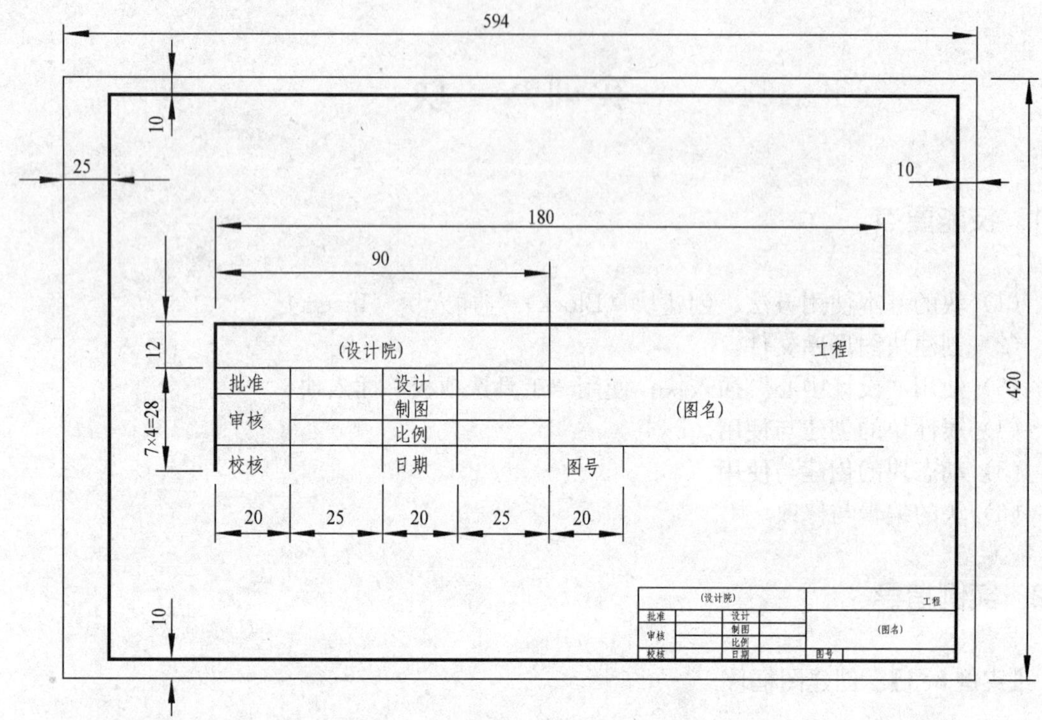

图 8-2 设置 A2 图框尺寸

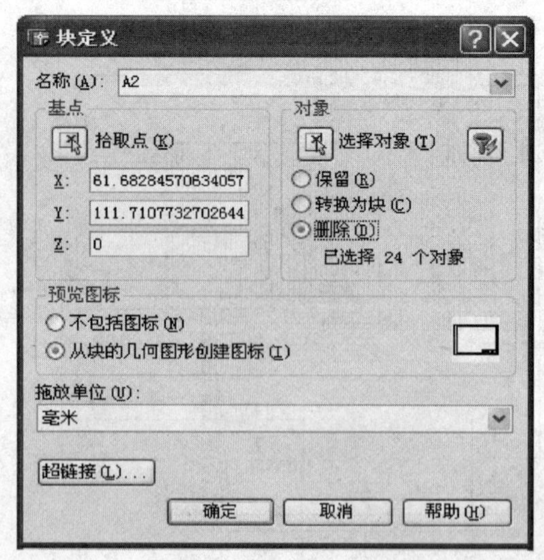

图 8-3 定义 A2 图框块

(2) 定义块。启动 Block 命令打开“块定义”对话框，输入块名称为 A2，定义图框左下角为基点，创建块之后删除对象，如图 8-3 所示。

(3) 插入块。启动 Insert 命令打开“插入块”对话框，选择块 A2，统一比例 100，如图 8-4 所示。

2. 创建 A2 图框文件

(1) 以公制样板创建新图形文件。

(2) 绘图。参考图 8-2 在 0 层绘制图框与标题栏。

(3) 设置基点。Base 命令设置基点，操作如下：

命令:base

输入基点<0.0000,0.0000,0.0000>： ;捕捉图框左下角点

(4) 保存文件 A2. dwg。

(5) 打开“实例 8-1.dwg”文件，启动“插入”命令，单击“浏览”按钮，找到 A2. dwg 文件，输入统一比例 100，单击“确定”按钮。

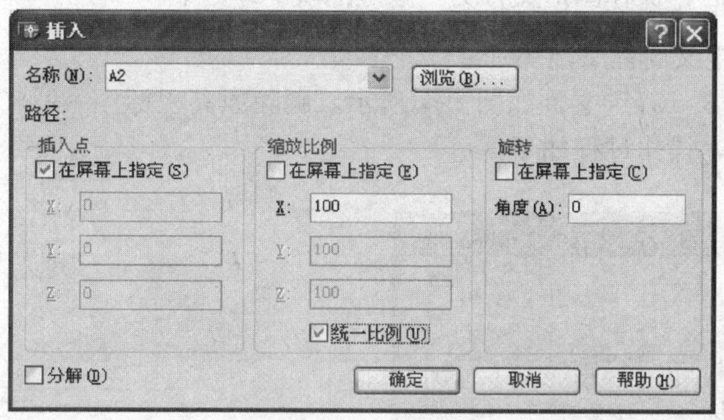

图 8-4 插入 A2 图框块

【实例 8-2】 创建块图形库文件

(1) 绘图。在同一个文件中按 1∶1 绘制各图块的图形如图 8-5 所示，绘制结果见“实例 8-2. dwg”文件。

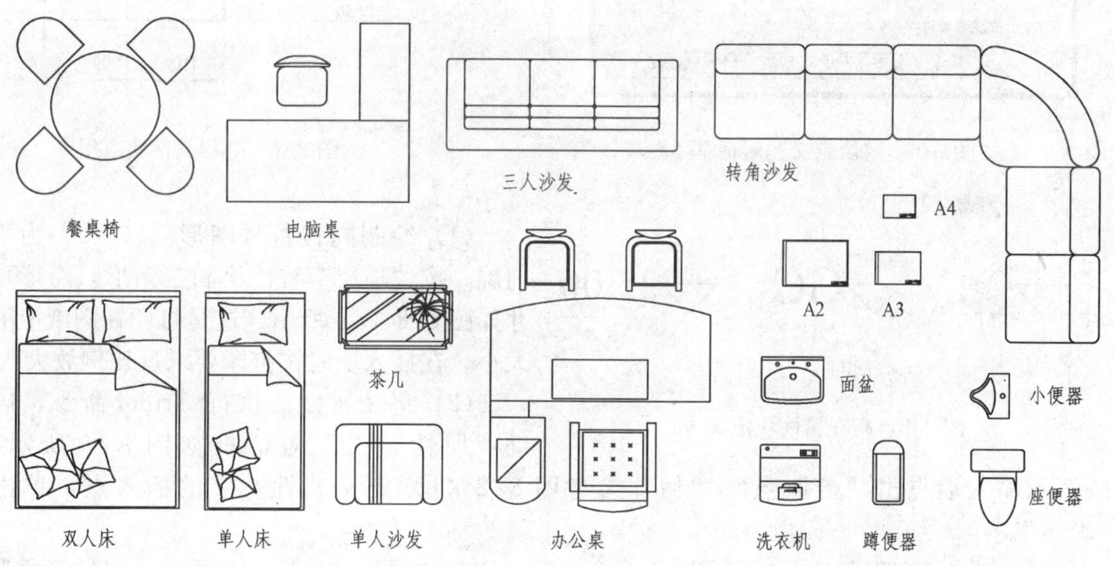

图 8-5 块图形库

(2) 定义块。打开“实例 8-2. dwg”文件，分别使用 Block 命令定义各独立的块，以下是“双人床”块的定义过程，其他各块以同样方法参见。

1) 启动 Block 命令，显示“块定义”对话框，如图 8-6 所示。

2) 输入名称为“双人床”。

3) 单击“拾取点”按钮，定义插入基点，例如捕捉床头边线中点。

4) 单击“选择对象”按钮，选择双人床图形（不包括文字）。

5) 选择“转换为块”选项。

6) 单击“确定”按钮。

块定义完成之后，保存图形文件为“家装图块 . dwg”。

【实例 8-3】 定义高程属性块

打开“实例 8-3. dwg”文件如图 8-7 所示。删除原高程标注（9.50 与 12.40），创建高程属性块后插入之，操作过程如下。

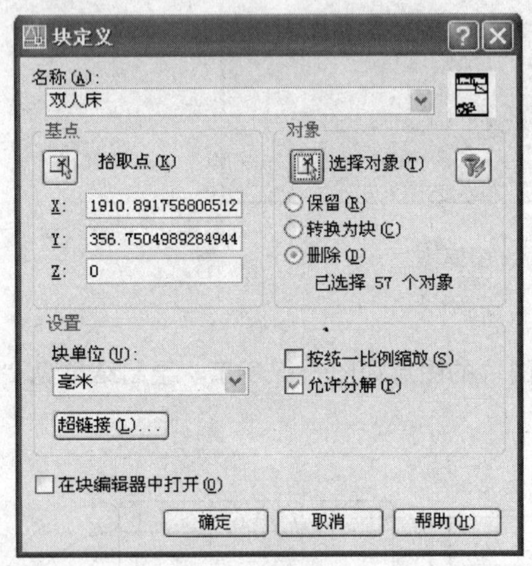

图 8-6 “块定义”对话框

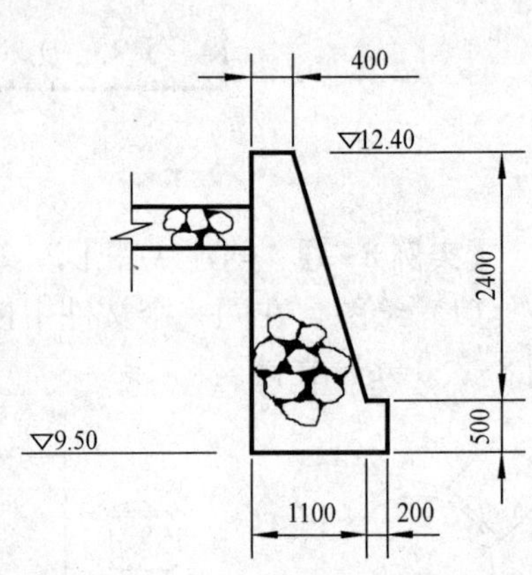

图 8-7 高程属性块应用

图 8-8 高程属性块定义

（1）绘制高程符号图形。以“0”为当前层，按“随层”特性绘制三角形，图形尺寸如图 8-8（a）所示（这是打印在图纸上的大小，在插入块时按打印要求反比例放大）。

（2）定义属性。执行 Attdef 命令，启动“属性定义”对话框如图 8-9 所示，按图示输入后点击“拾取点”按钮，参考图 8-8（b）定义属性文字的插入点，单击“确定”。

（3）创建“高程”块。执行 Block 命令，输入块名“gc”，如图 8-10 所示，定义三角形下面的角点为基点，选择高程符号图形与标记“GC”，单击“确定”按钮，接着出现“编辑属性”对话框，单击“确定”即可。完成后如图 8-8（c）所示。

（4）插入。以“尺寸”为当前层，启动插入命令显示对话框如图 8-11 所示，选择块“GC”，输入比例 100，考虑此图打印比例为 1∶100。命令行显示如下：

```
命令：insert
指定插入点或[基点(B)/比例(S)/旋转(R)/预览比例(PS)/预览旋转(PR)]：
输入属性值
输入高程<25.000>：9.50                ;输入高程值
```

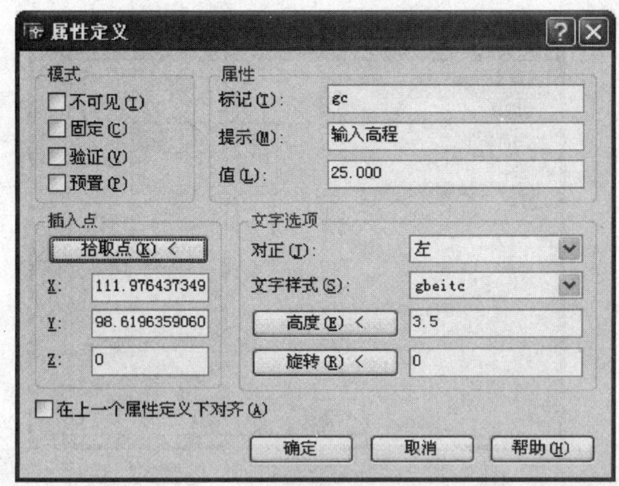

图 8-9 “属性定义”对话框

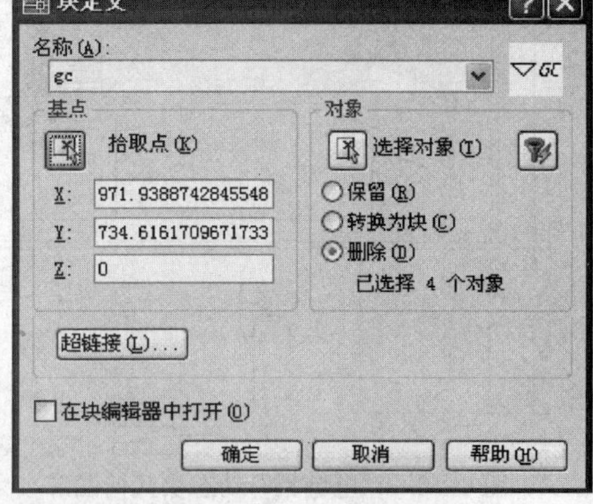

图 8-10 创建“高程”块

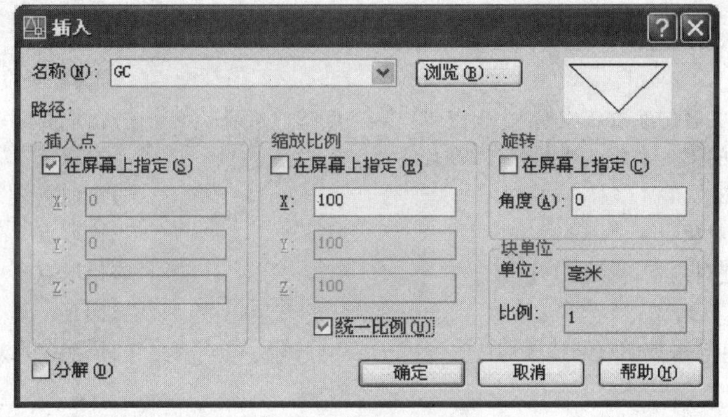

图 8-11 插入高程属性块

【实例 8-4】 创建动态块（见图 8-12）

动态块是 AutoCAD 2006 版推出的新功能。下面创建一个“电脑桌”动态块，设计长度分别为 1200、1400、1600mm；宽度分别为 600、700、800mm；边桌长度分别为 600、800mm。要求桌面尺寸动态变化的同时，还可以控制边桌和椅子的显示与隐藏。

打开“实例 8-4.dwg”文件，输入 bedit（块编辑器）命令，显示“编辑块定义”对话框如图 8-13 所示。选择“电脑桌”，单击“确定”，进入块编辑环境后按如下步骤操作。

（1）添加线性参数。单击“块编写选项板”的“参数”卡上“线性参数”，命令行提示如下：

```
命令:_bparameter 线性
指定起点或[名称(N)/标签(L)/链(C)/说明(D)/基点(B)/选项板(P)/值集(V)]:   ;拾取电脑桌左上角
指定端点:                                                          ;拾取电脑桌右上角
指定标签位置:                                                      ;拉出到合适位置点击
```

就如标注尺寸一样，得到一个“距离”（电脑桌长度，标签名称可以修改，夹点个数也可以修改）标签，这就是添加的线性参数。重复添加“宽度”和“边桌长度”线性参数，结果如图 8-14 所示。

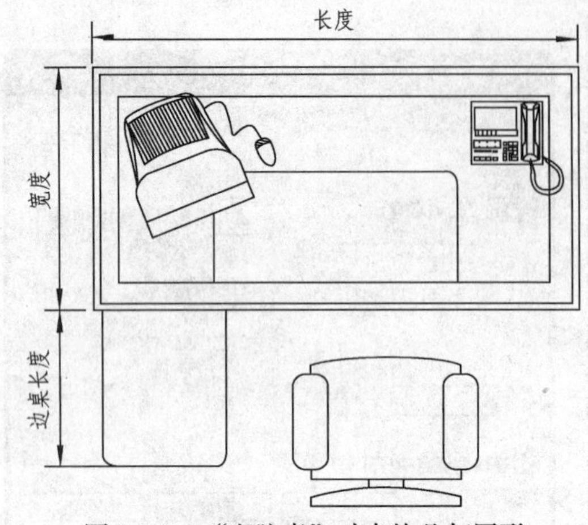

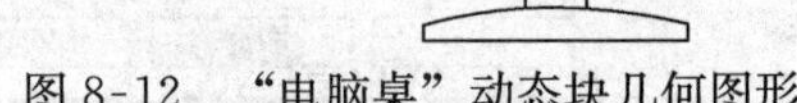
图 8-12 “电脑桌”动态块几何图形

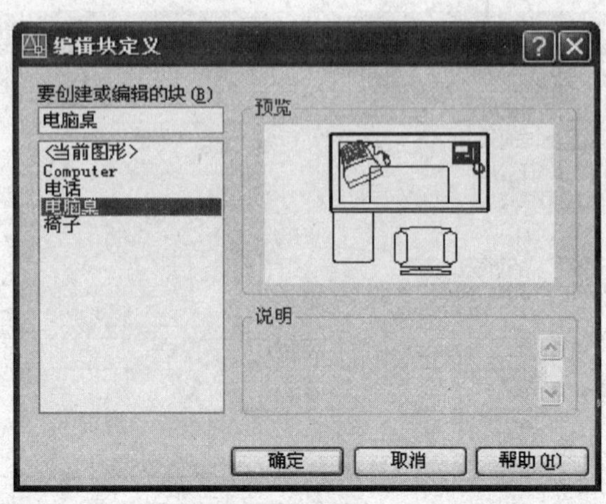

图 8-13 选择需要编辑的“电脑桌”块

（2）添加拉伸动作。选择“动作”选项卡，点击“拉伸动作”，参照图 8-15 操作如下：

命令:_bactiontool 拉伸
选择参数: ;选择“长度”
指定要与动作关联的参数点或输入[起点(T)/第二点(S)]<第二点>: ;拾取右端线性夹点
指定拉伸框架的第一个角点或[圈交(CP)]: ;拾取点 1
指定对角点: ;拾取点 2
指定要拉伸的对象 ;拾取点 3
选择对象:指定对角点:找到 11 个 ;拾取点 4
选择对象: ;回车
指定动作位置或[乘数(M)/偏移(O)]: ;适当位置点击,指定动作位置

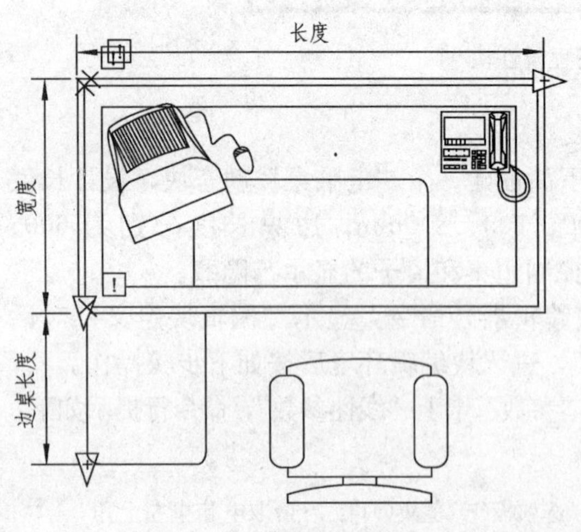

图 8-14 添加线性参数

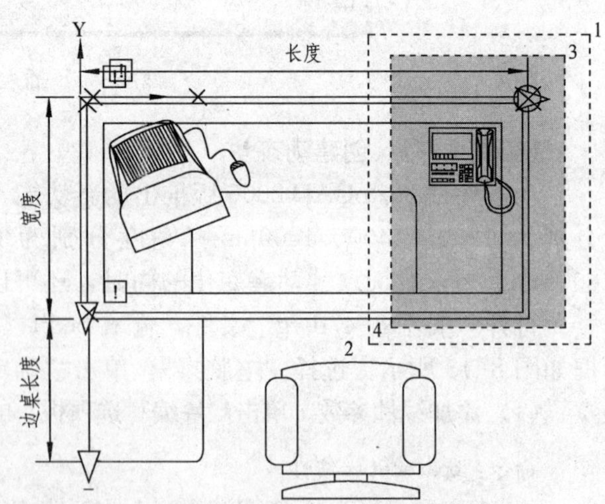

图 8-15 选择“长度”的拉伸对象

重复以上操作，为“宽度”和“边桌长度”添加“拉伸”动作，拉伸对象的选择参考图 8-16。添加完三个拉伸动作的结果如图 8-17 所示。

（3）添加拉伸值集。选择“长度”后按 Ctrl+1，在“特性”板上选择值集的“距离类型”为“列表”，点击“距离”后面的“…”按钮，添加图示距离值，操作过程如图 8-18 所示 1～5。

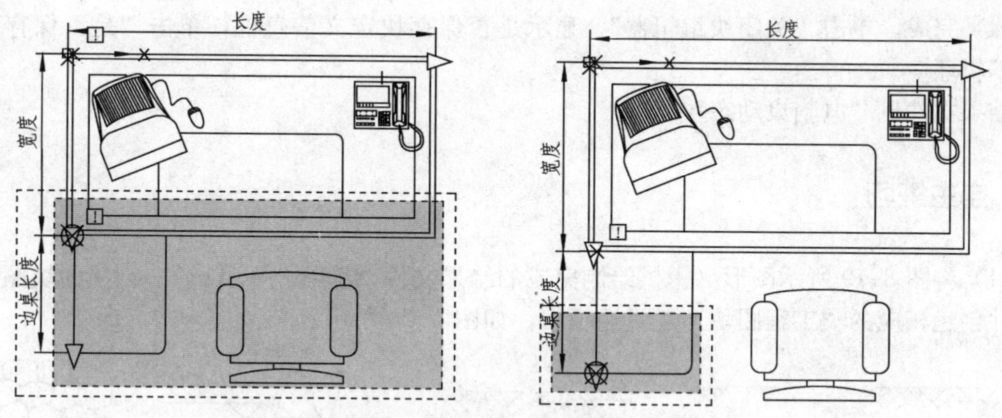

图 8-16 “宽度”和“边桌长度”的拉伸对象

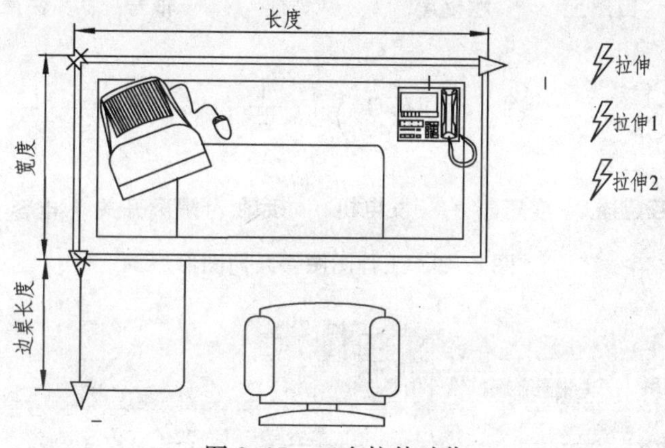

图 8-17 三个拉伸动作

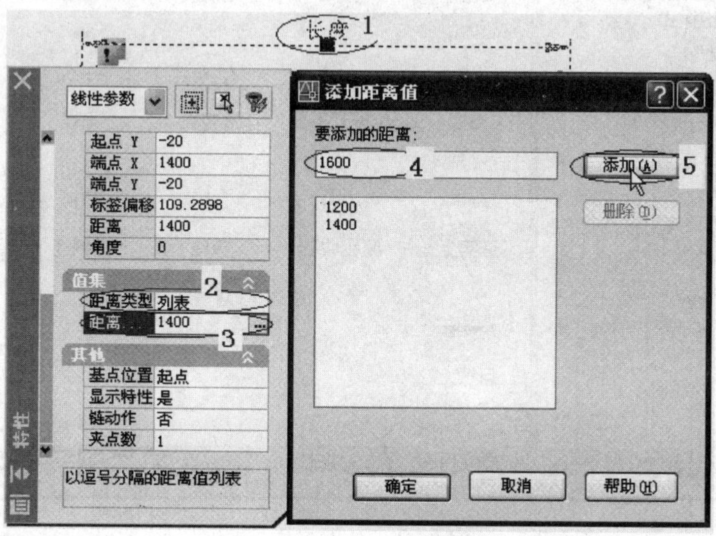

图 8-18 添加拉伸值集

“宽度”值集：600、700、800。

“边桌长度”值集：450、600。

（4）完成。单击“关闭块编辑器”，显示是否保存块定义信息框，单击“是”保存并退出块编辑环境。

结果文件见“电脑桌动态块.dwg”。

8.3 自主练习

（1）将图 8-19 所示图形（提供绘制完成的结果文件“练习 8-1.dwg”）创建为块图形库文件并创建相应的“工程图块”工具选项板，如图 8-20 所示。

RA
GC
A
10.000
夯实土
自然土
粗糙度
高程
轴号
标高
浆砌块石
G
电流互感器
电压互感器
变压器
发电机
接地
隔离开关
电容
电感
熔断器

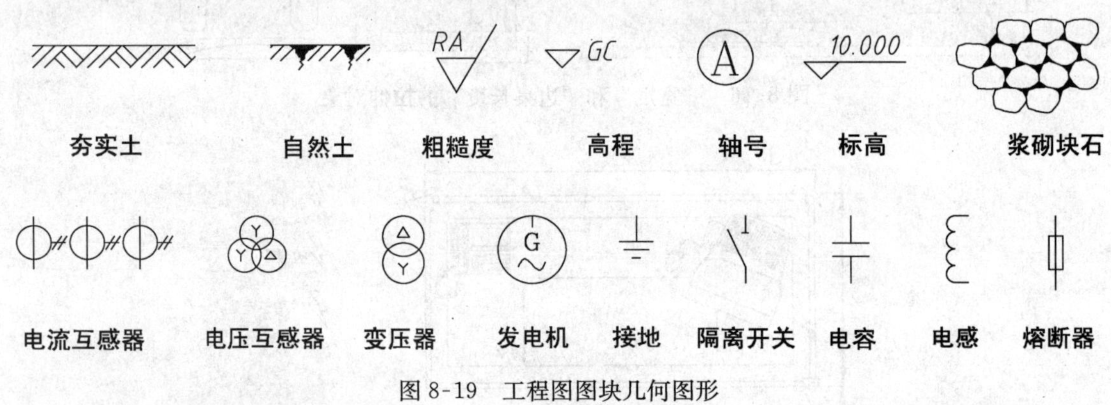

图 8-19 工程图图块几何图形

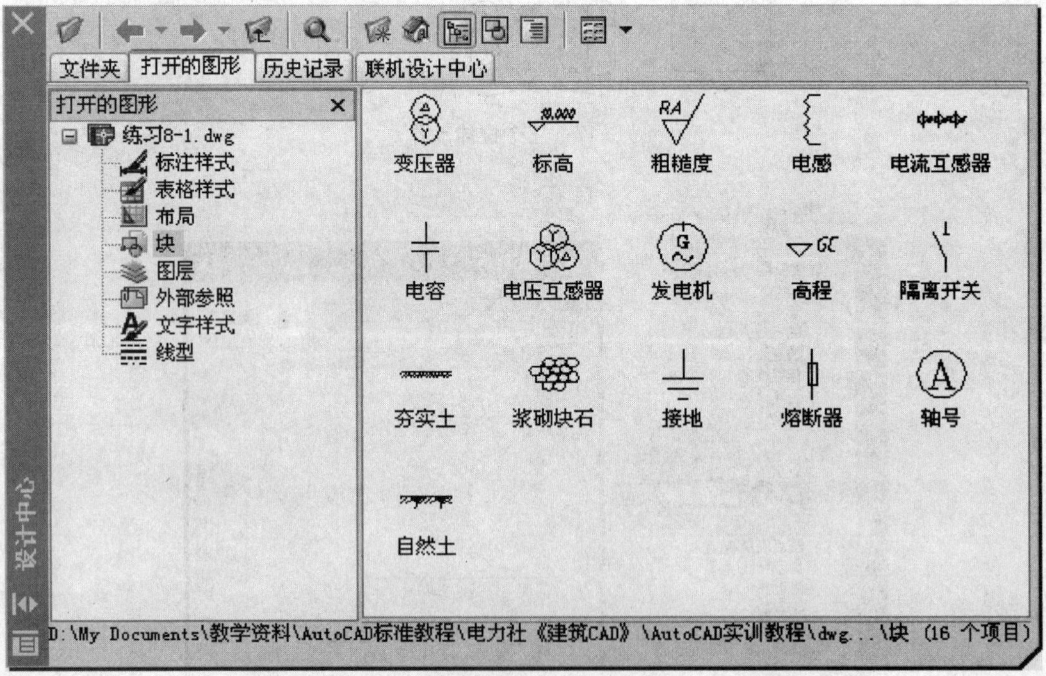

文件夹
打开的图形
历史记录
联机设计中心
打开的图形
练习8-1.dwg
标注样式
表格样式
布局
块
图层
外部参照
文字样式
线型
变压器
标高
粗糙度
电感
电流互感器
电容
电压互感器
发电机
高程
隔离开关
夯实土
浆砌块石
接地
熔断器
轴号
自然土
设计中心
D:\My Documents\教学资料\AutoCAD标准教程\电力社《建筑CAD》\AutoCAD实训教程\dwg...\块 (16 个项目)

图 8-20 块图形库

（2）利用实例 8-2 创建的块图形库文件“家装图块.dwg”，创建“家装图块”工具选项板，如图 8-21 所示。

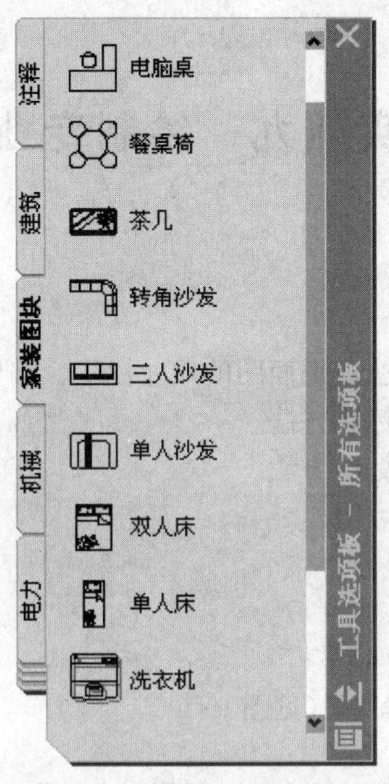

图 8-21 “家装图块”选项板

工具选项板的创建与使用方法参考本套教材《AutoCAD 工程绘图》7.1.3 节相关内容。

实训九　绘制专业图

9.1　技能要点

(1) 建筑平面图的绘制方法，平面图的尺寸标注、轴号标注、标高标注。
(2) 建筑立面图的绘制与标注方法。
(3) 建筑剖面图的绘制与标注方法。
(4) 绘制水闸设计图。

9.2　实例指导

【实例 9-1】 绘制建筑平面图（见图 9-1）

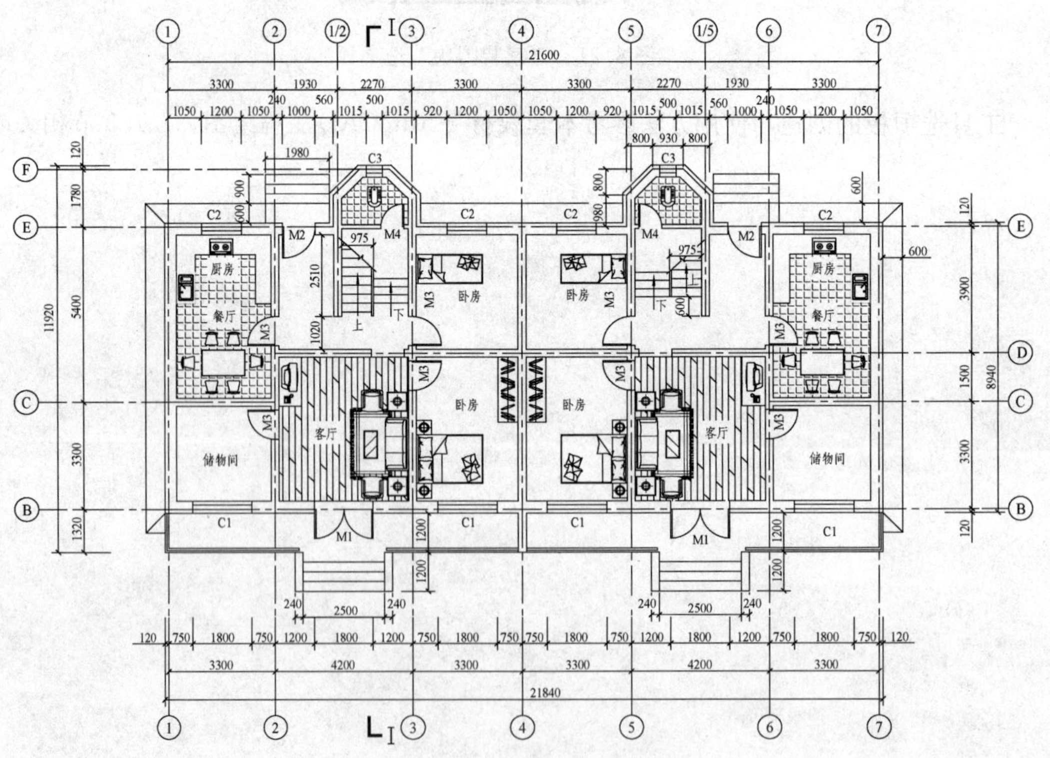

图 9-1　一层平面图

绘图单位：图形绘制以毫米为单位 1∶1 输入。
打印比例：1∶100。
绘图过程如下。

(1) 绘图环境。以自定义的图形样板开始新图，设置绘图范围 42000×29700 并缩放全部显示；修改标注样式的“标注特征比例”为 100（考虑在模型空间标注，如果要在图纸空间标注，则选择“将标注缩放到布局”）；设置线型比例为 70（如果在图纸空间打印，可以不修改默认值）。关于图形样板请参考本套教材《AutoCAD 工程绘图》相关内容。

(2) 绘制轴线。根据平面房间布置，绘制墙体轴线如图 9-2 所示。此处尺寸、轴号是为了标识，读者在练习时不一定要现在标注出来，尺寸、轴号待图形完成后统一标注。

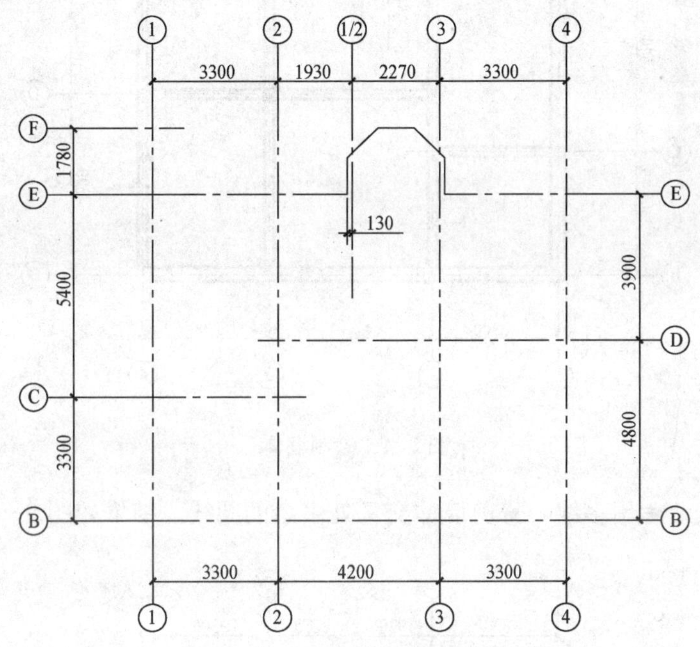

图 9-2　绘制平面轴线

(3) 绘制墙体。绘制内外墙体，外墙厚 370，内墙厚 240。

首先参考图 9-3 所示“元素特性”新建两个多线样式，分别用于绘制 24 墙和 37 墙。完成墙体如图 9-4 所示。

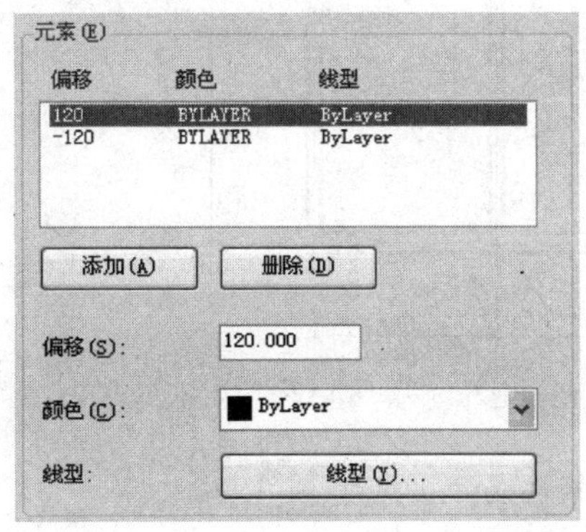

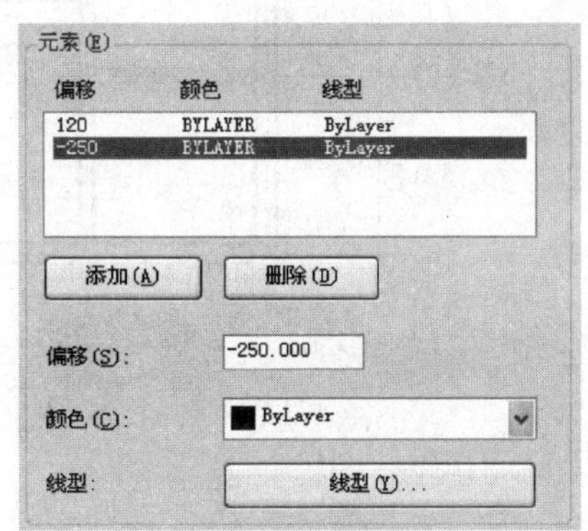

图 9-3　新建多线样式

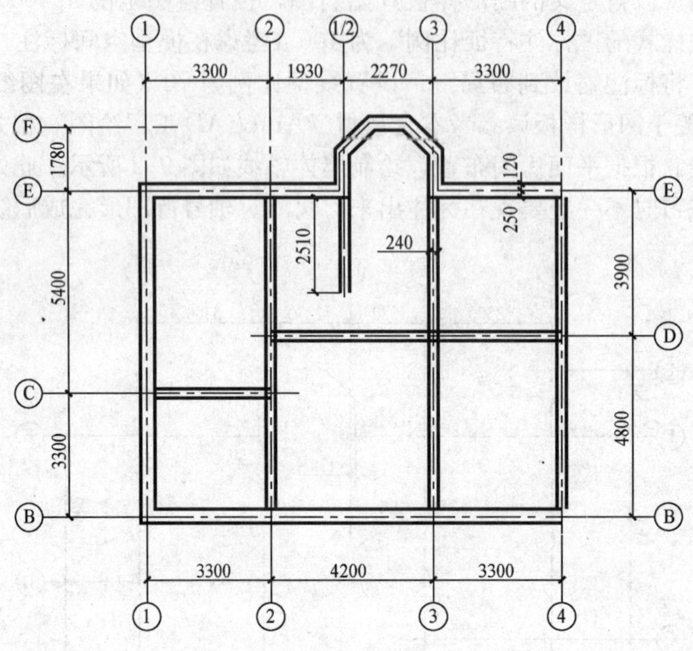

图 9-4 绘制墙体

（4）整理墙线。编辑多线，修剪墙体交叉处多余的图线。结果如图 9-5 所示。

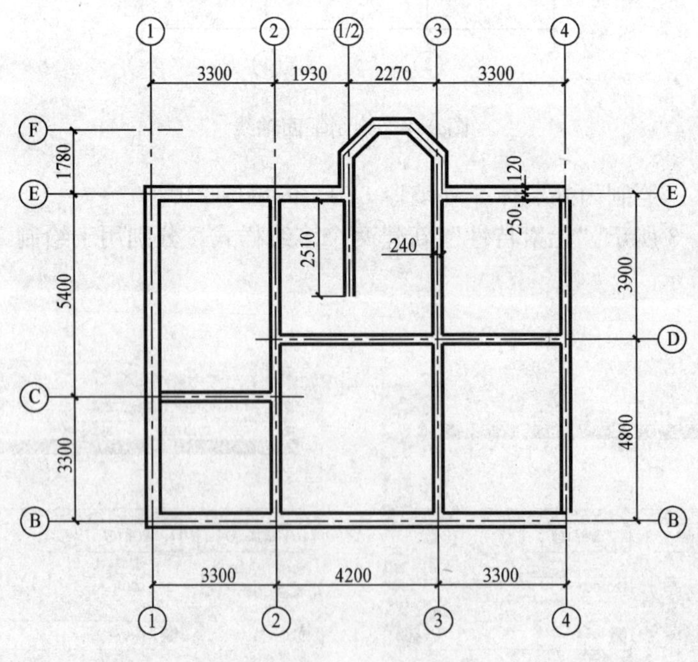

图 9-5 整理墙线

（5）门窗开洞。这里采用先分解多线，再根据门窗定形与定位尺寸利用 Offset（偏移）与 Trim（修剪）命令编辑修剪墙线，结果如图 9-6 所示。

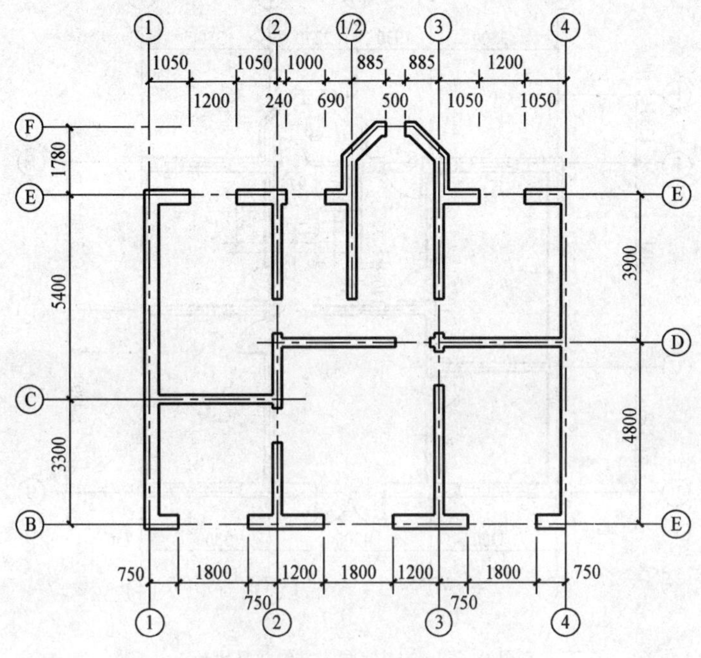

图 9-6　门窗开洞

（6）插入门窗图例。插入或直接绘制门窗图例符号，结果如图 9-7 所示。

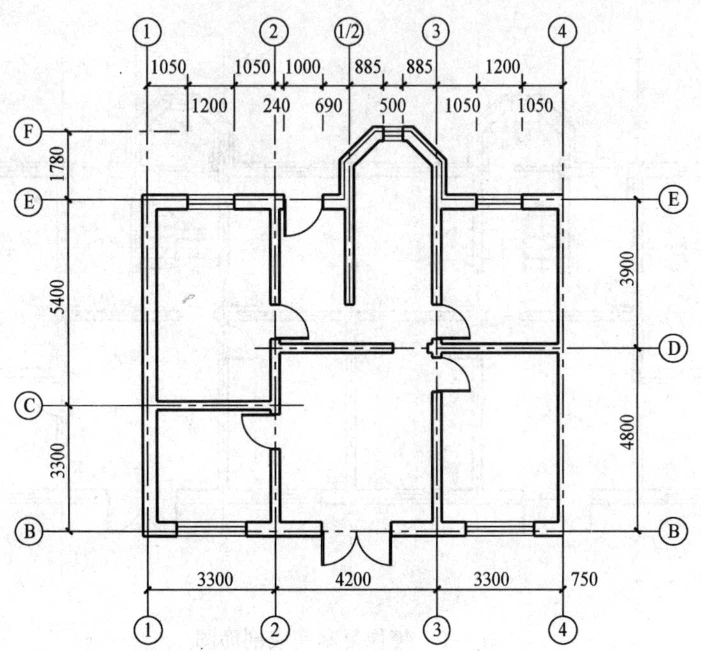

图 9-7　插入门窗图例

(7) 绘制楼梯、卫生间。参照图 9-8 绘制底层楼梯及卫生间。

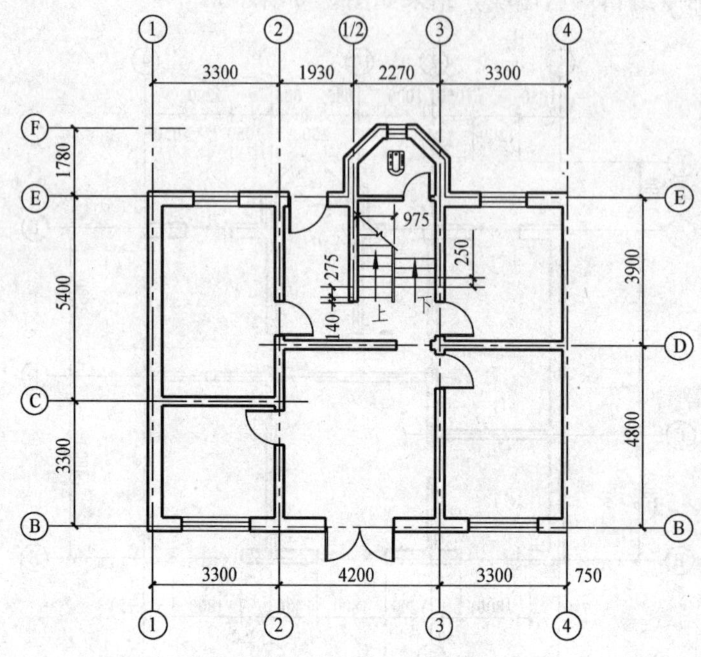

图 9-8 绘制底层楼梯、卫生间

(8) 镜像。利用 Mirror（镜像）命令复制得到一层平面图的另一半，如图 9-9 所示。

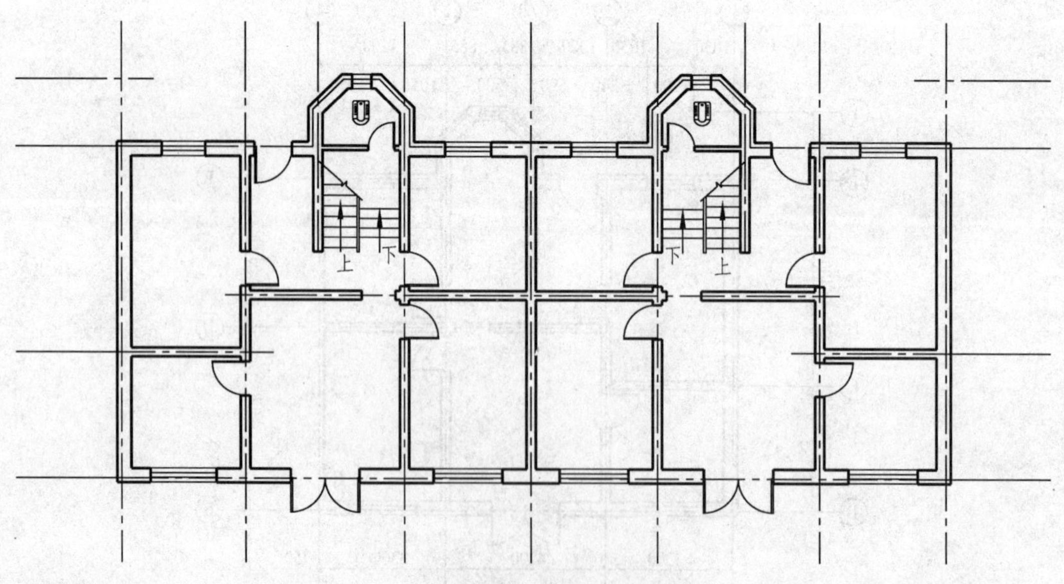

图 9-9 镜像复制完成剖面图

(9) 绘制台阶散水。参照图 9-10 绘制台阶、散水及平台护栏。

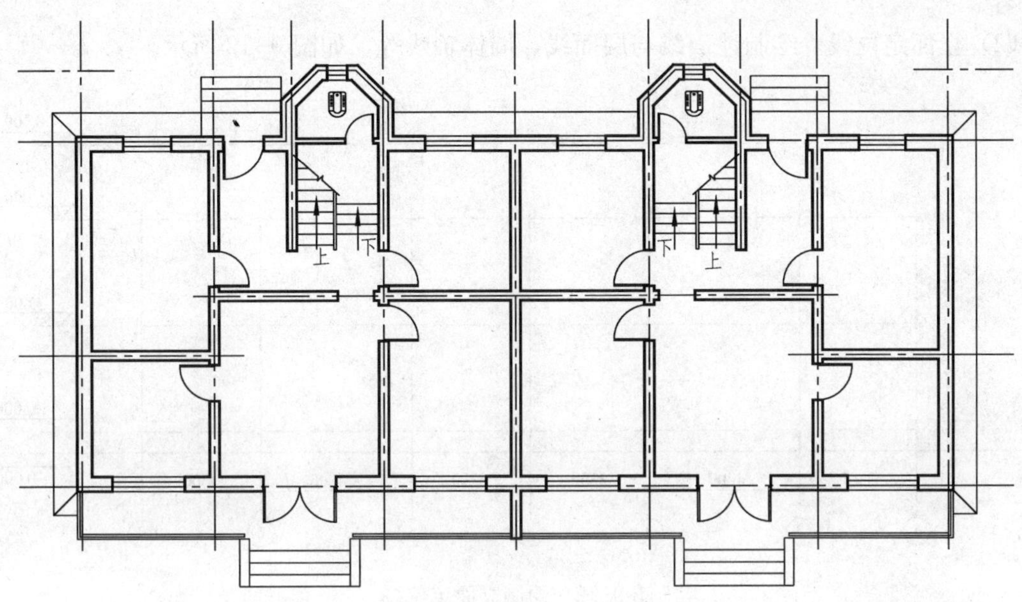

图 9-10　绘制台阶散水

(10) 标注。标注尺寸、轴号、标高等，完成全图，结果文件见“实例 9-1. dwg”。

【实例 9-2】　绘制建筑立面图（见图 9-11）

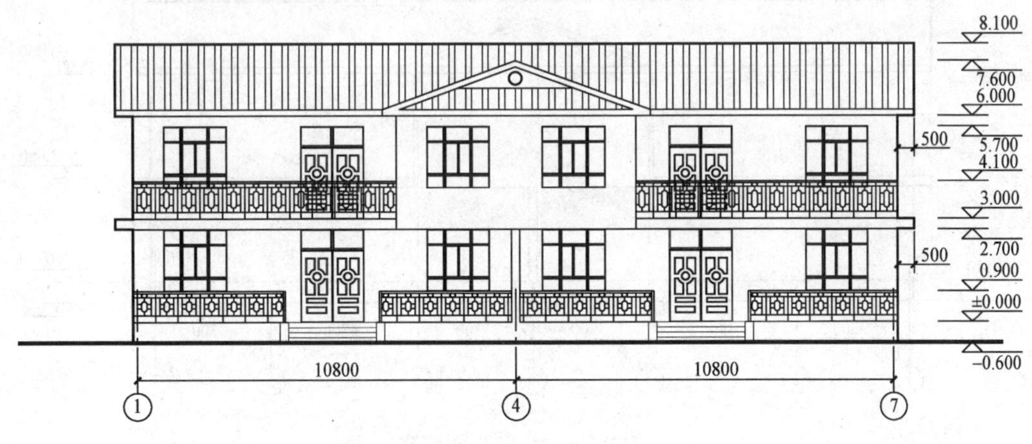

图 9-11　立面图

绘图单位：图形绘制以毫米为单位 1∶1 输入。

打印比例：1∶100。

绘图过程如下。

(1) 绘图环境。以自定义的图形样板开始新图，设置绘图范围 42000×29700 并缩放全部显示；修改标注样式的“标注特征比例”为 100（考虑在模型空间标注，如果要在图纸空间标注，则选择“将标注缩放到布局”）；设置线型比例为 70（如果在图纸空间打印，可以不修改默认值）。关于图形样板请参考本套教材《AutoCAD 工程绘图》相关内容。

(2) 立面定位线。绘制地面线与层面线，墙体轴线等，如图 9-12 所示。

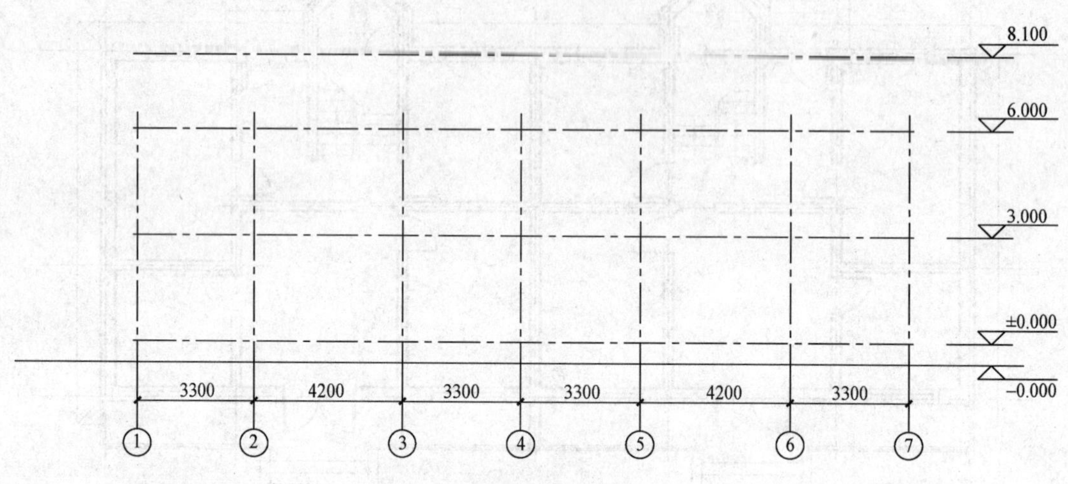

图 9-12 绘制立面定位线

(3) 绘制立面主要轮廓。外轮廓线用宽度为 70（1∶100 打印为 0.7mm）的多段线绘制，地平线也宽度为 90 的多段线绘制，如图 9-13 所示。

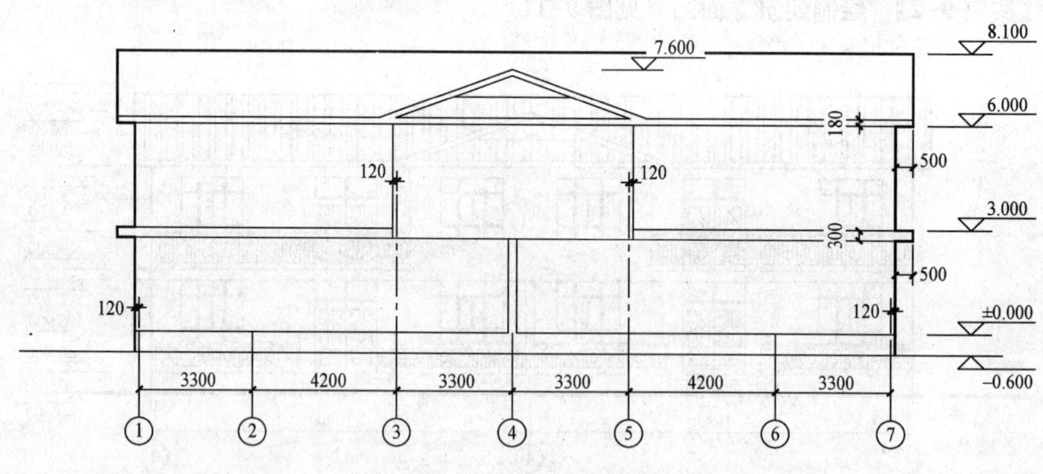

图 9-13 绘制立面轮廓

(4) 创建立面门窗、阳台图块。参照图 9-14 绘制门窗、阳台立面图形，创建块备用。绘制时控制大尺寸，细部尺寸无需太精确。

(5) 插入立面门窗、阳台如图 9-15 所示。

(6) 绘制台阶、填充屋面。采用"steel"图案填充屋面，角度 45°、比例 150，结果如图 9-16 所示。

(7) 标注。标注主要轴线尺寸，门窗、阳台、檐口、屋顶标高等，完成如图 9-11 所示。结果文件见"实例 9-2. dwg"。

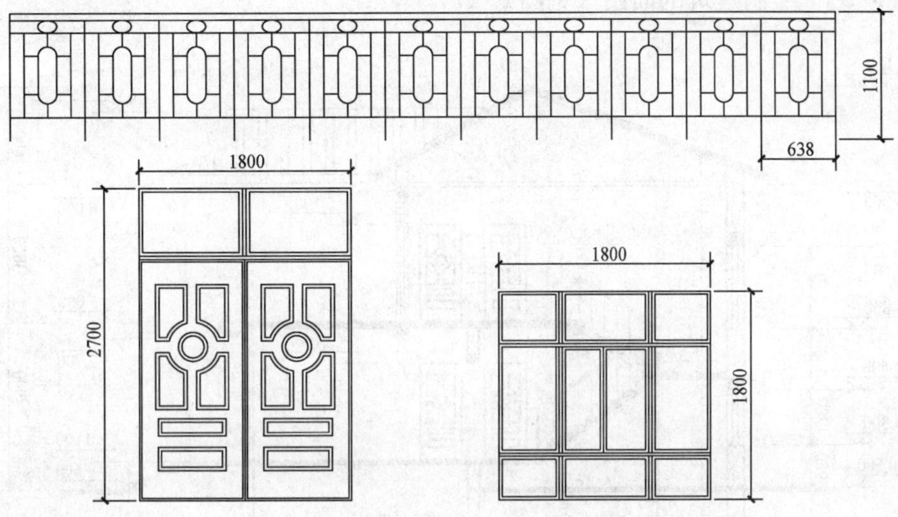

图 9-14　创建立面门窗、阳台图块

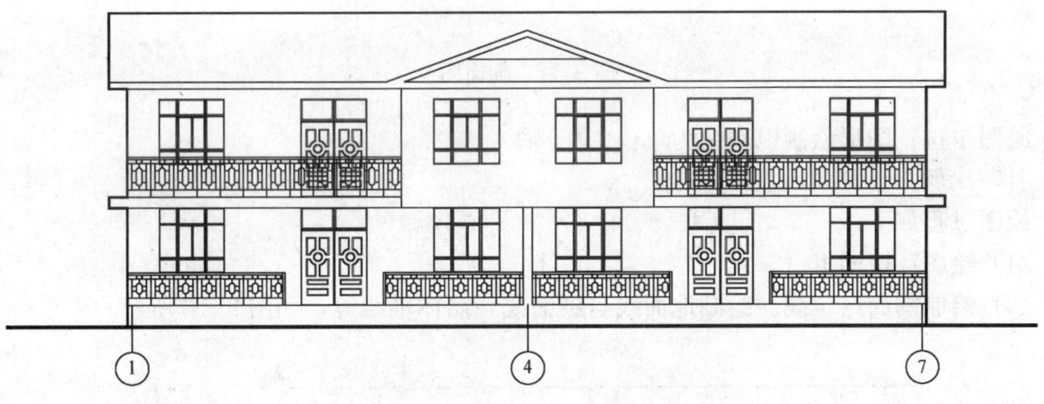

图 9-15　插入立面门窗、阳台图块

图 9-16　填充屋面、绘制台阶

【实例 9-3】 绘制建筑剖面图（见图 9-17）

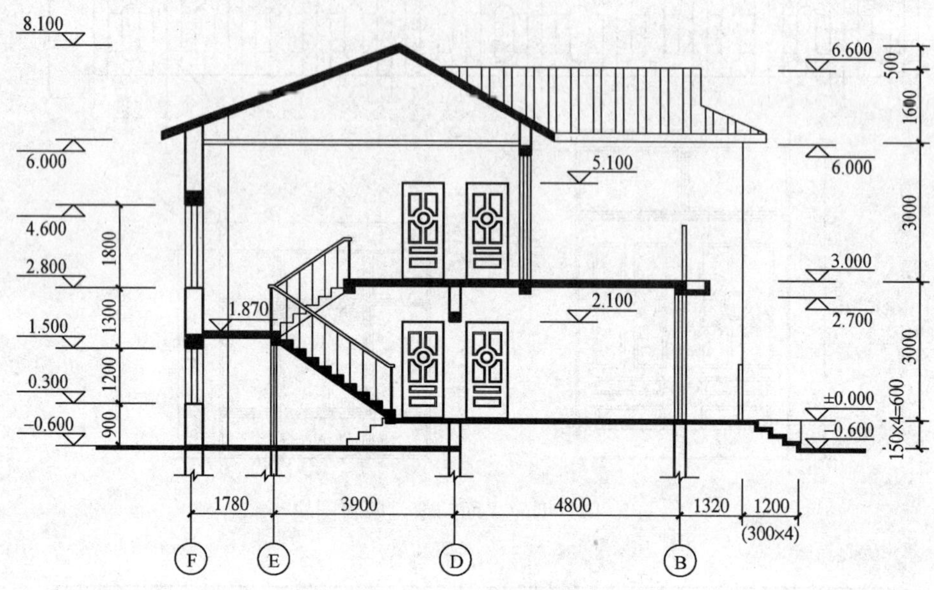

图 9-17　剖面图

绘图单位：图形绘制以毫米为单位 1∶1 输入。

打印比例：1∶100。

绘图过程如下。

（1）绘图环境同上。

（2）绘制剖面定位线。绘制地面线与层面线，墙体轴线等，如图 9-18 所示。

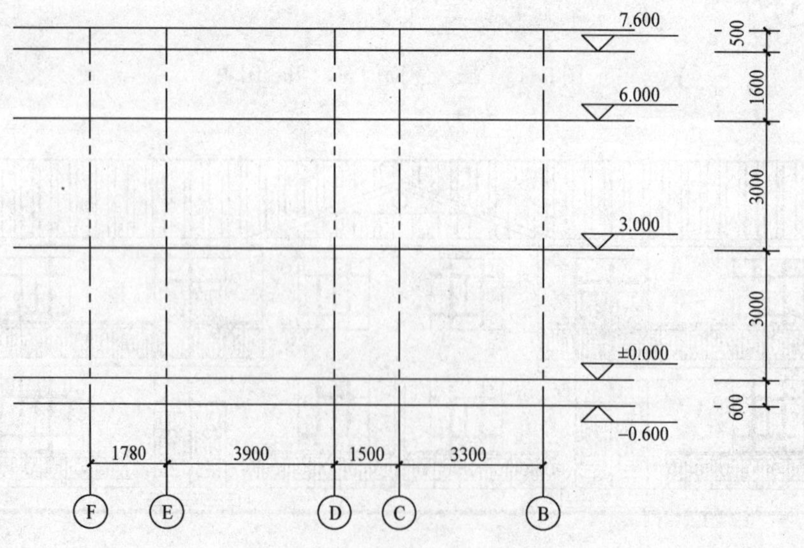

图 9-18　剖面定位线

（3）绘制墙体，如图 9-19 所示。

（4）绘制楼板、屋面，如图 9-20 所示。

（5）绘制剖面门窗图例，如图 9-21 所示。

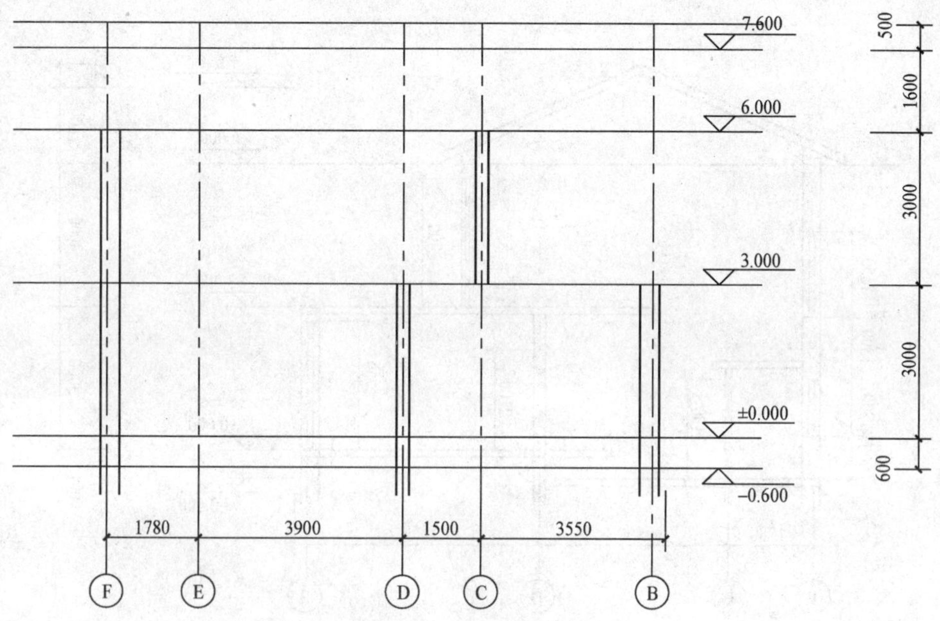

图 9-19　绘制墙体

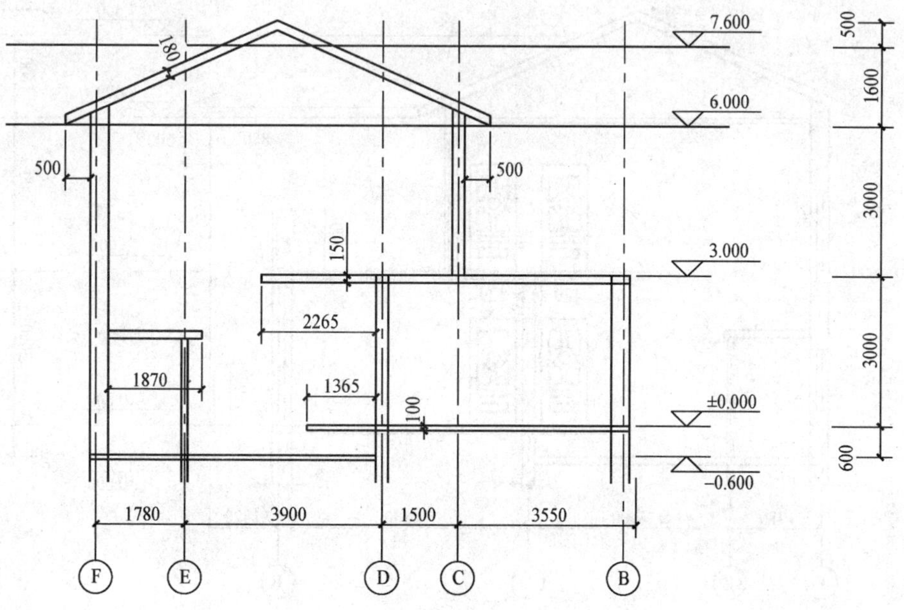

图 9-20　绘制楼板、屋面

（6）绘制其他立面，如图 9-22 所示。立面门可以参考上例创建图块后插入。

（7）绘制楼梯，如图 9-23 所示。

（8）绘制过梁等。楼板填充、绘制过梁、天沟、台阶，如图 9-24 所示。

（9）标注，完成图形，结果文件见“实例 9-3. dwg”。

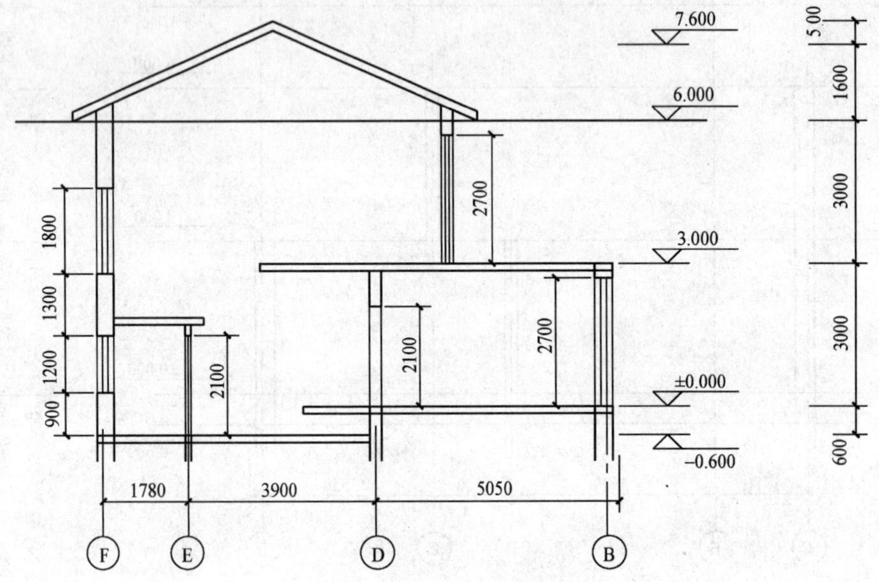

图 9-21 绘制门窗

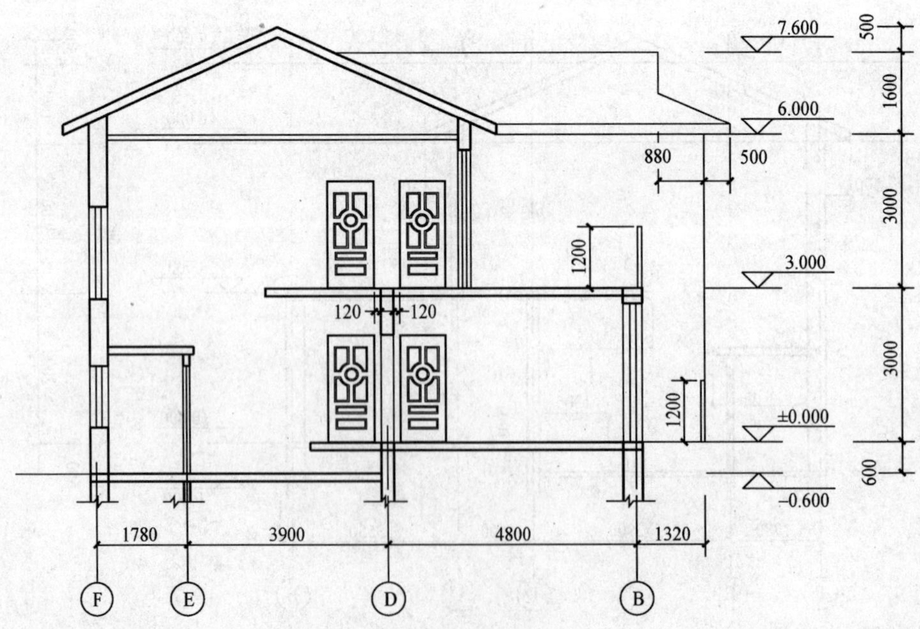

图 9-22 绘制其他立面

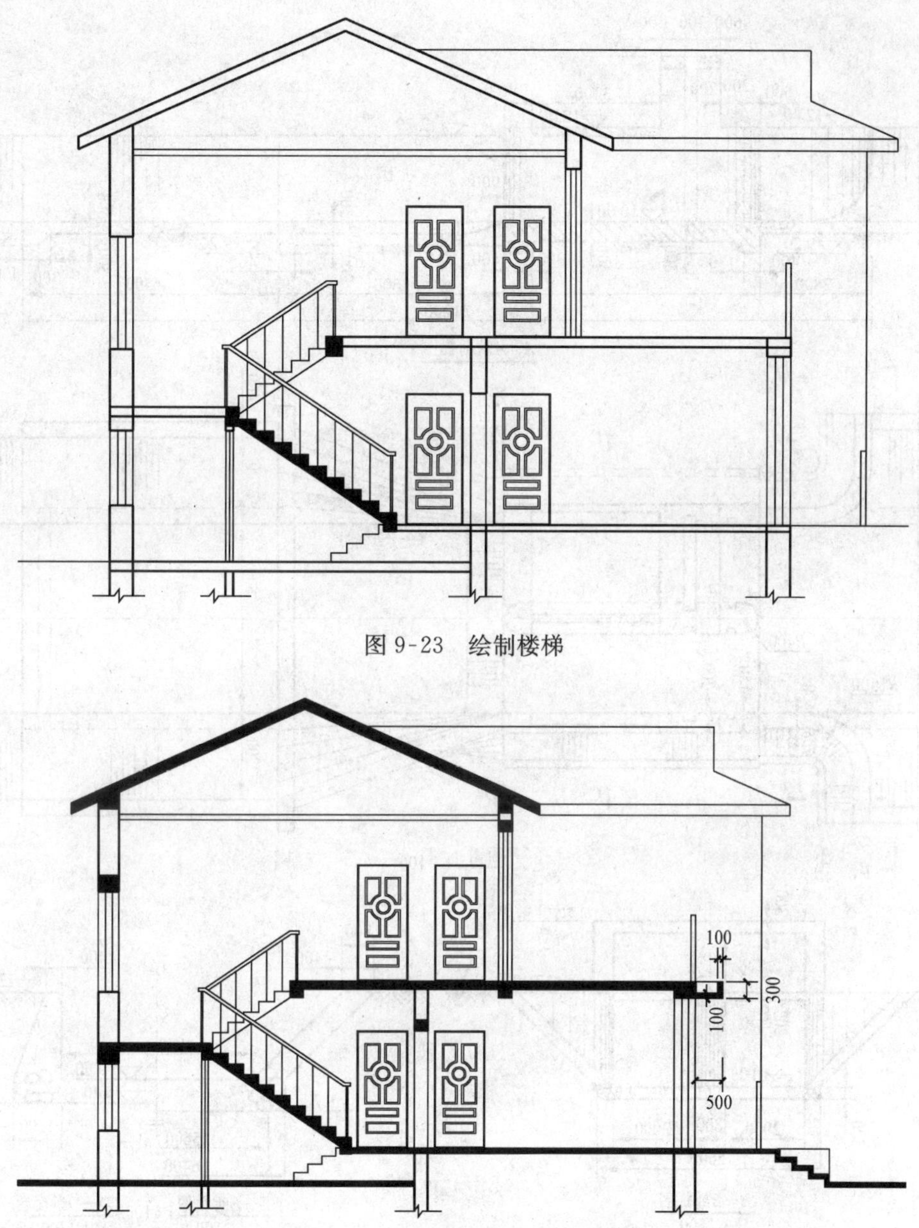

图 9-23　绘制楼梯

图 9-24　绘制过梁、天沟、填充等

【实例 9-4】 绘制水闸设计图（见图 9-25）

绘图单位：图形绘制以毫米为单位 1∶1 输入。

打印比例：1∶100。

绘图过程如下。

(1) 绘图环境。以自定义的图形样板开始新图，设置绘图范围 42000×29700 并缩放全部显示；修改标注样式的“标注特征比例”为 100（考虑在模型空间标注，如果要在图纸空间标注，则选择“将标注缩放到布局”）；设置线型比例为 70（如果在图纸空间打印，可以不修改默认值）。关于图形样板请参考本套教材《AutoCAD 工程绘图》相关内容。

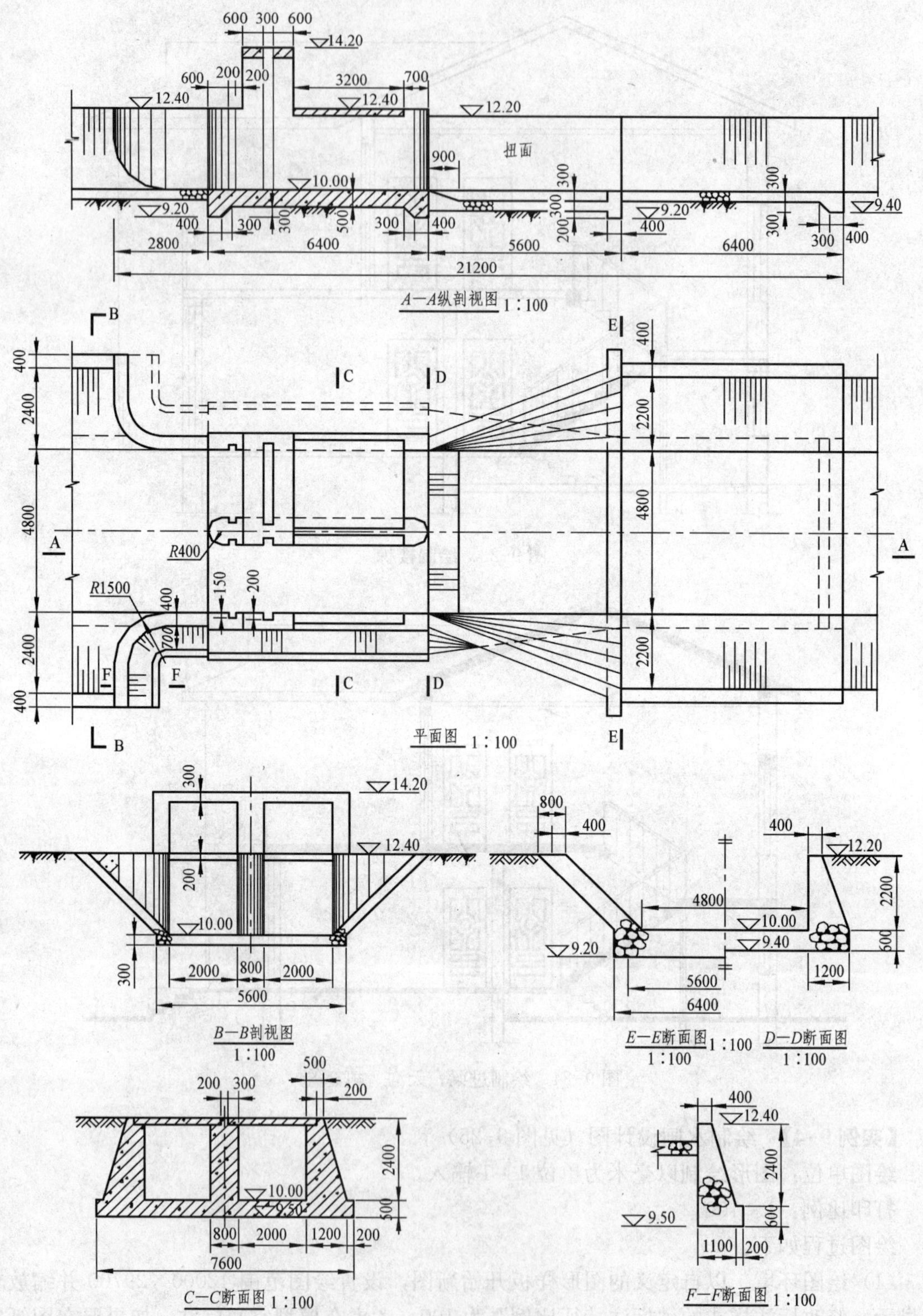

A—A纵剖视图 1∶100
扭面
平面图 1∶100
B—B剖视图 1∶100
E—E断面图 1∶100
D—D断面图 1∶100
C—C断面图 1∶100
F—F断面图 1∶100
R400
R1500
21200

图 9-25 水闸设计图

(2) 大致布图。参照图 9-26 大致布置各视图，只需符合投影关系，无需精确图形的间距，之后根据情况作调整。

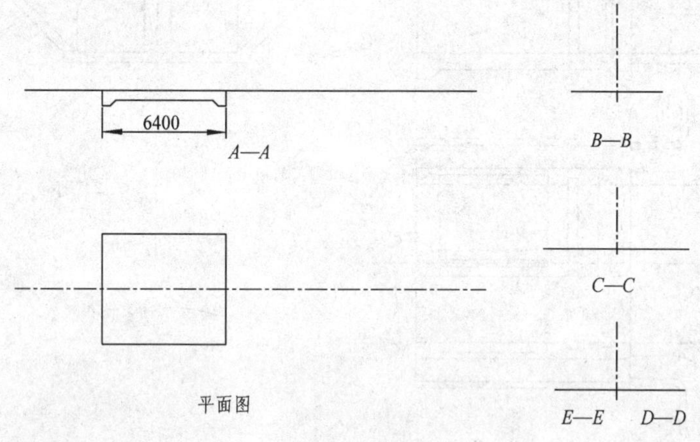

图 9-26　布图

(3) 绘制闸室。根据尺寸与投影规律同时画出正面和水平面投影，先画大的主要轮廓，后画局部细小轮廓，两个图结合起来按投影关系同时作图，作图过程参考图 9-27 的①②③。闸室段的某些尺寸要参考 $C—C$ 断面图。

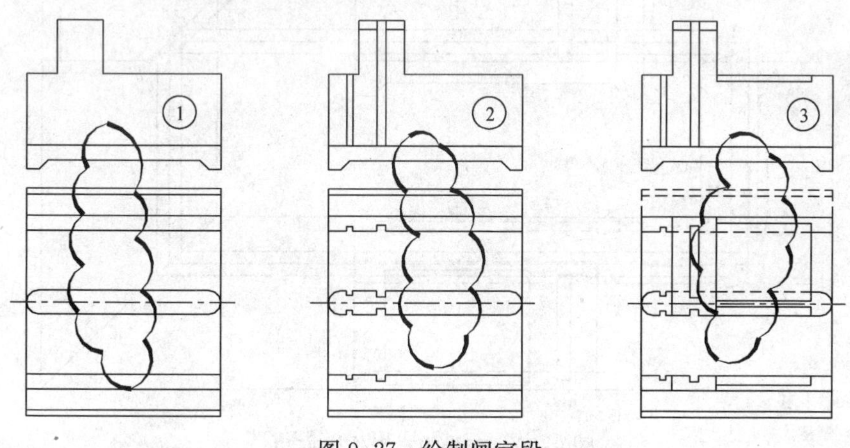

图 9-27　绘制闸室段

(4) 绘制上游连接段与 $B—B$ 剖视图。包括上游翼墙和上游护坡，参照图 9-28，注意底板的位置和厚度要与剖切位置对应；平面图的宽度与 $B—B$ 剖视图的宽度相等，注意结合起来作图。

正面上圆弧翼墙与护坡的交线要根据投影规律结合三面投影来作图，参照图 9-29 作交线，先求 a′、1′、2′、3′、b′再连接各点成曲线，作图方法如下：先在水平面上定圆弧的端点 a 和 b，另外在大致位置取 1、2、3 点，并由“宽相等”求得 a″、1″、2″、3″、b″再通过“长对正、高平齐”求得 a′、1′、2′、3′、b′。

说明：平面与圆柱面的交线一般情况下是椭圆，以上交线作图的一般方法。但此处平面倾斜 45°，所以该交线的正面投影为圆弧，因此求得 a′与 b′之后，以 a′、b′为端点画圆弧即可，这种方法简单。

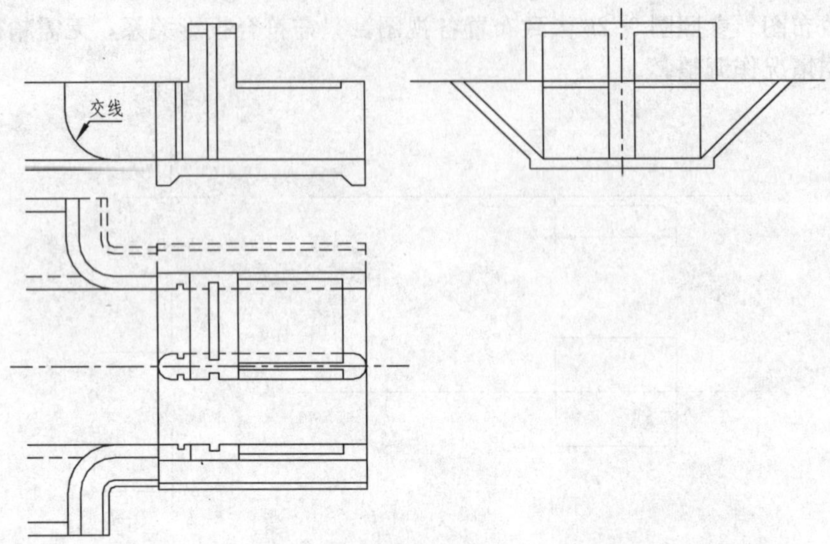

图 9-28　绘制上游连接段与 *B*—*B* 剖视图

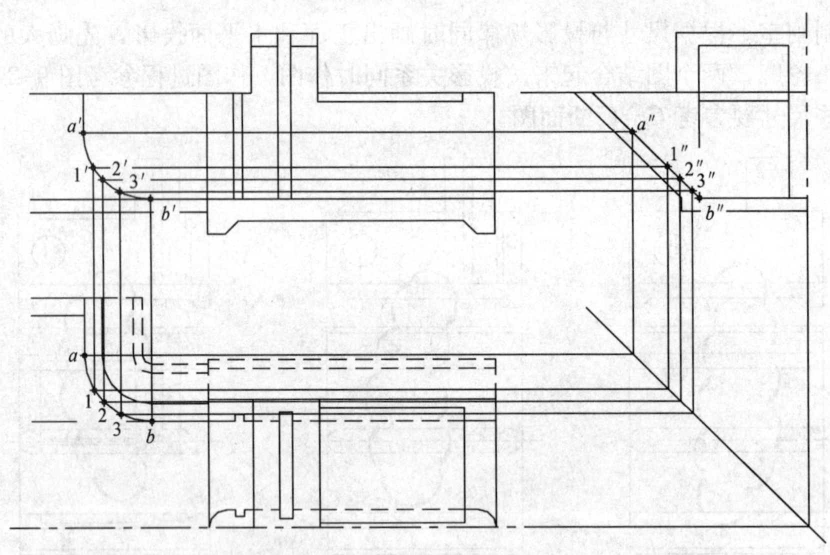

图 9-29　交线的投影作图方法

（5）绘制下游连接段。分两段来作图，参照图 9-30 中的①②，将正面和水平面投影结合起来画，水平面投影的宽度尺寸要参考"*E*—*E* 断面图"与"*D*—*D* 断面图"。

（6）绘制断面图。绘制闸室"*C*—*C* 断面图"、绘制"*E*—*E* 断面图"与"*D*—*D* 断面图"合成视图以及"*F*—*F* 断面图"，如图 9-31 所示。

（7）绘制示坡线、素线、材料图例。材料图例通过填充和块插入完成，钢筋混凝土材料由"ANSI31"（填充比例 70）与"AR—CONC"（填充比例 4）组成，"夯实土"与"自然土"由自定义块插入（比例 100）。示坡线间距约 200（1∶100 打印之后约 2mm）。圆柱面的素线间距不等，在靠近轴线处较稀，靠近轮廓线处较密。扭面上的素线呈放射状，分散的一端等为间距，如图 9-32 所示。

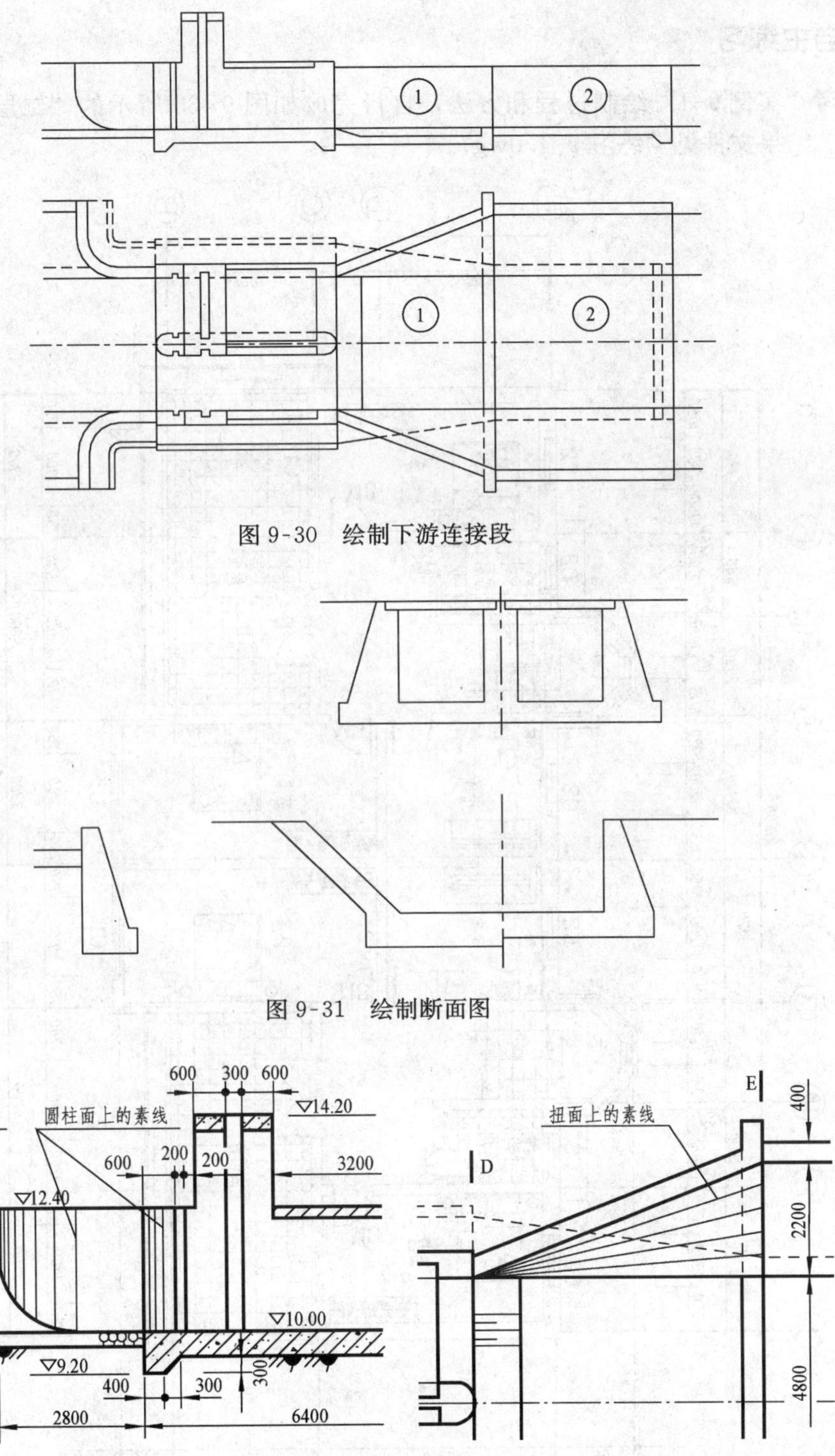

图 9-30 绘制下游连接段

图 9-31 绘制断面图

图 9-32 绘制示坡线等

(8) 标注。考虑在模型空间标注，包括尺寸标注、剖切标注、图名等。

结果文件见“实例 9-4.dwg”。

9.3 自主练习

参考“实例 9-1”绘制过程和方法，自行完成如图 9-33 所示的“二层平面图”，比例 1∶100。结果文件见“练习 9-1.dwg”。

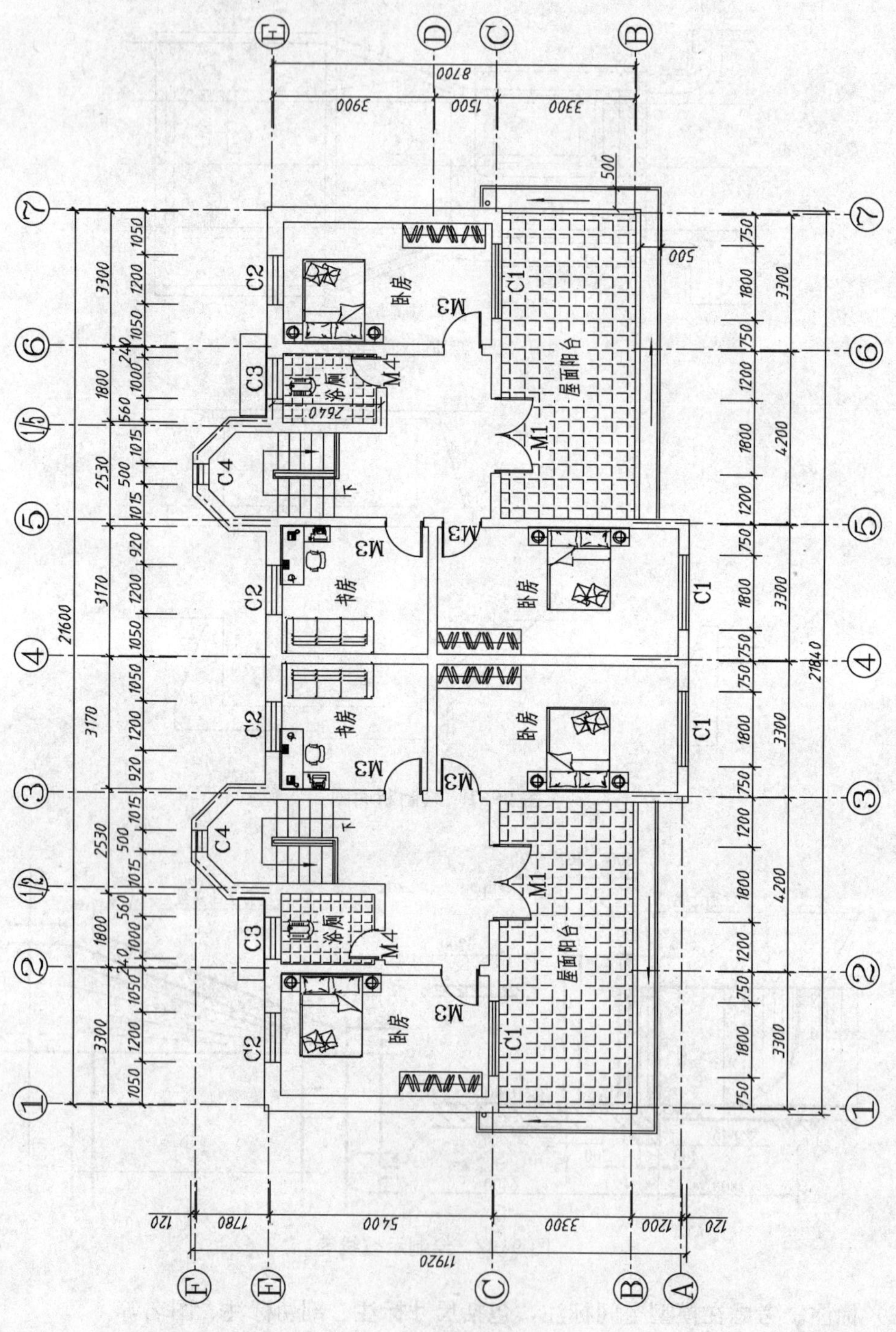

图 9-33　二层平面图

实训十　图纸打印

10.1　技能要点

(1) 创建布局：利用“布局向导”或“快捷菜单”创建布局的方法，正确选择打印机、设置图纸尺寸等。

(2) 建立视口：根据视图需要创建视口，视口的夹点编辑一拉伸、平移等，利用工具栏设定视口比例和命令行设定视口比例，锁定视口。

(3) 视图尺寸标注：理解“测量单位比例”(DINFLAC)、“标注特征比例”(DIMSCALE) 的概念与应用，根据打印方式正确设置标注样式的测量比例与标注比例。

(4) 图纸打印方式：模型空间标注、模型空间打印；模型空间标注、图纸空间打印；图纸空间标注、图纸空间打印。

(5) 自定义图纸尺寸，以便打印标准图框的图纸。

10.2　实例指导

【实例 10-1】 自定义图纸尺寸

为了打印标准图框的图纸，需要自定义图纸尺寸。一般大幅面的绘图仪可以自定义图纸尺寸，下面以电子打印“DWF6 ePlot. pc3”为例说明自定义图纸尺寸的方法。

(1) 单击“工具”→“选项”，启动“选项”对话框，选择“打印和发布”选项卡，点击“添加或配置绘图仪”，显示打印机列表如图 10-1 所示。

图 10-1　打印机列表

(2) 双击“DWF6 ePlot. pc3”，显示“绘图仪配置编辑器”，选择“设备和文档设置”选项卡，在列表中选择“自定义图纸尺寸”选项，如图 10-2 所示。

(3) 单击“添加”按钮，显示图 10-3 所示对话框。

(4) 单击“下一步”按钮，显示图 10-4 所示对话框，这里设置一张打印标准 A2 (420×594 毫米) 图框的图纸 A2+ (450×630 毫米)。

(5) 单击“下一步”按钮，设置可打印区域，如图 10-5 所示。

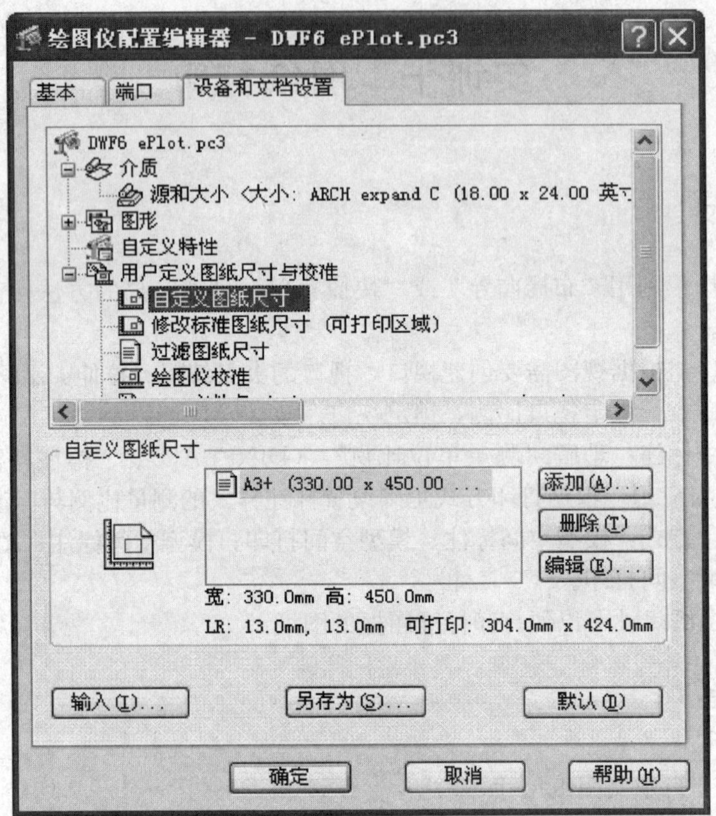

图 10-2　自定义图纸尺寸

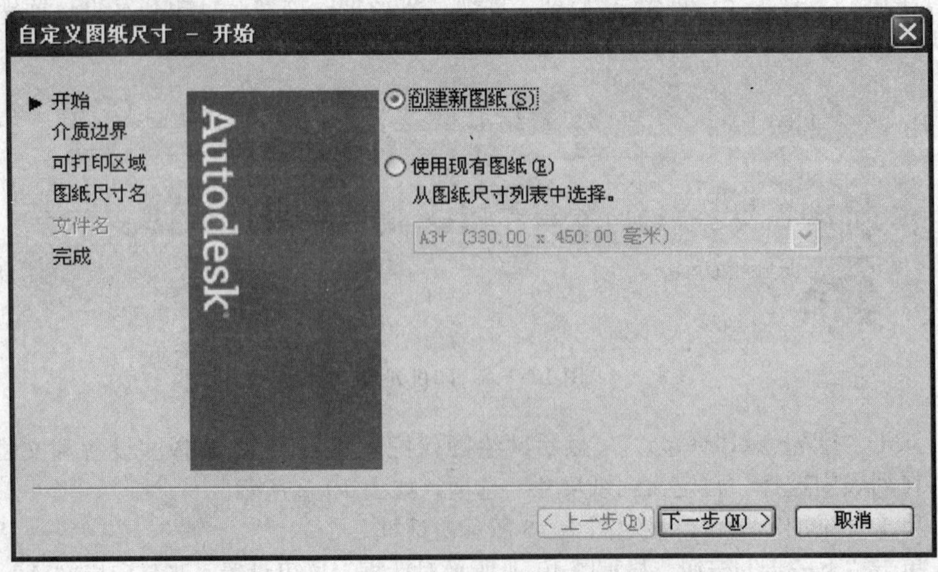

图 10-3　“自定义图纸尺寸一开始”对话框

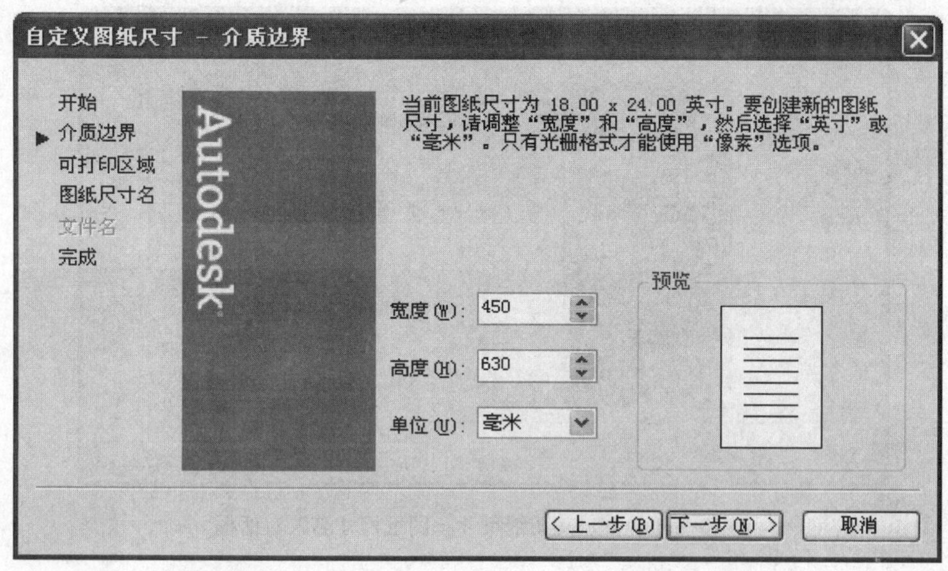

图 10-4　“自定义图纸尺寸—介质边界”对话框

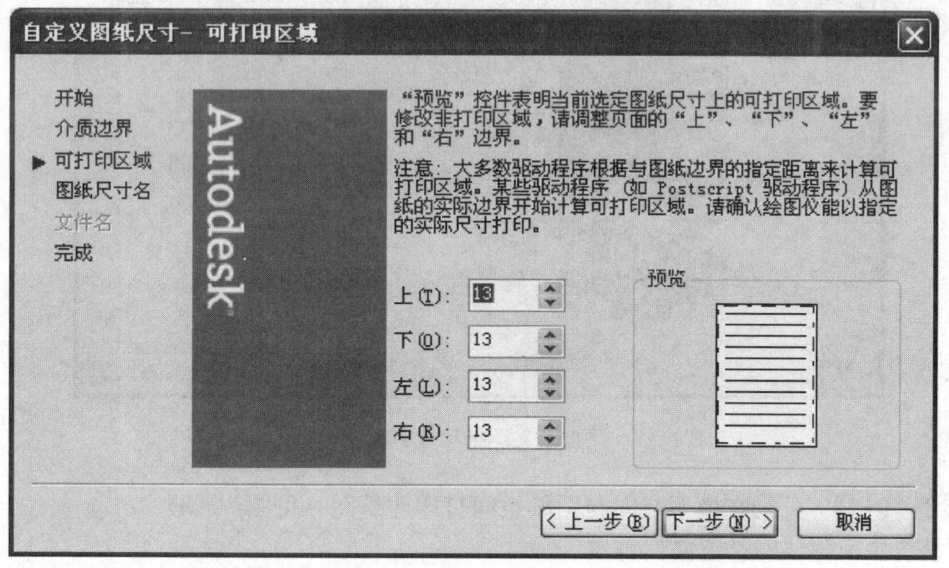

图 10-5　“自定义图纸尺寸—可打印区域”对话框

(6) 单击“下一步”按钮，命名图纸尺寸名称，例如“A2+（450.00×630.00 毫米)”，如图 10-6 所示。

(7) 单击“下一步”按钮，显示如图 10-7 所示，单击“完成”按钮返回“绘图仪配置编辑器”对话框，在“自定义图纸尺寸”列表区域显示以上自定义图纸“A2+（450.00×630.00 毫米)”。

(8) 单击“确定”按钮，退出“绘图仪配置编辑器”对话框，关闭打印机列表文件夹。

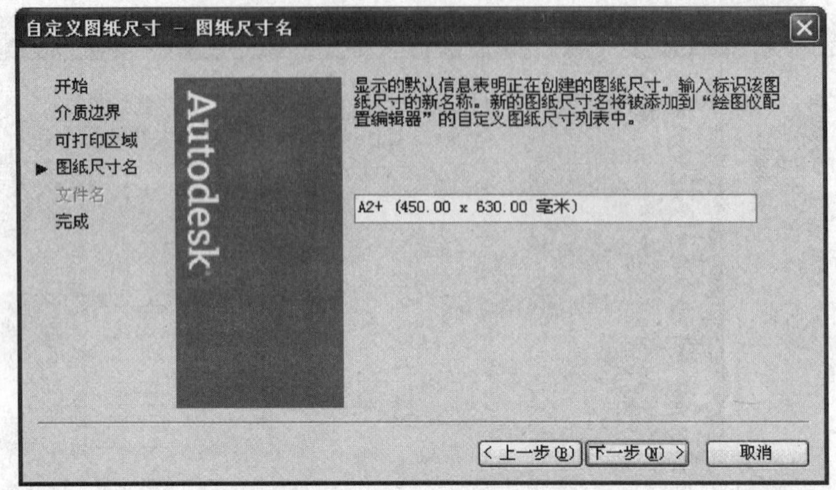

图 10-6 “自定义图纸尺寸－图纸尺寸名”对话框

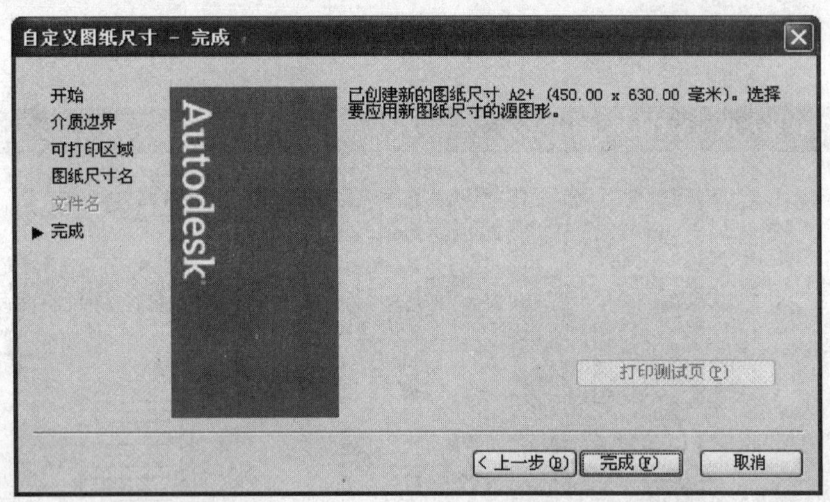

图 10-7 “自定义图纸尺寸－完成”对话框

【实例 10-2】 分别在模型空间与图纸空间打印建筑图（见图 10-8）

1. 模型空间标注、模型空间打印

这是与单比例图形一起使用的传统打印方式。对于“一纸多比例”的图形，实现这种打印方式是很麻烦的，因为在绘图与标注过程中都要考虑比例缩放。这里结合本例简单介绍一下从绘制、标注到打印全过程的操作要点，结果文件参见“一纸多比例打印 _ 1. dwg”。

（1）绘图。先按 1∶1 绘制不同比例的各视图，包括 1∶100 的 1-1 剖面、1∶50 的老虎窗、1∶20 的详图，绘制完成的图形参见“实例 10-2. dwg”。

由于三组不同比例的视图只能以一种比例打印，比如统一按 1∶100 打印，因此，绘制完成后将老虎窗放大 2 倍（1∶100 打印出的实际比例为 1∶50），详图放大 5 倍（1∶100 打印出的实际比例为 1∶20）。

（2）标注。先设置三个标注样式，“dim100”标注 1∶100 的视图、“dim50”标注 1∶50

1:50
1:20
1:100

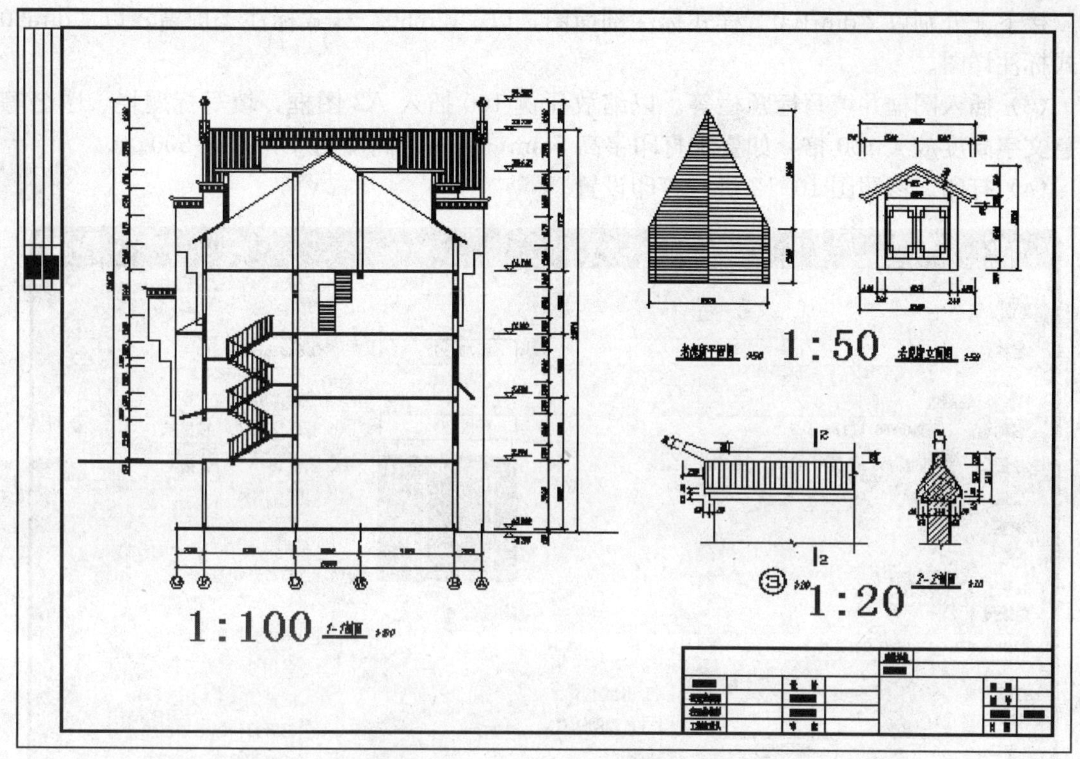

图 10-8　“一纸多比例”的图形打印

的视图、“dim20”标注 1∶20 的视图。两个重要的变量“测量比例”与“标注比例”设置分别如图 10-9～图 10-11 所示。采用了同一个“标注比例”，不同的“测量比例”。

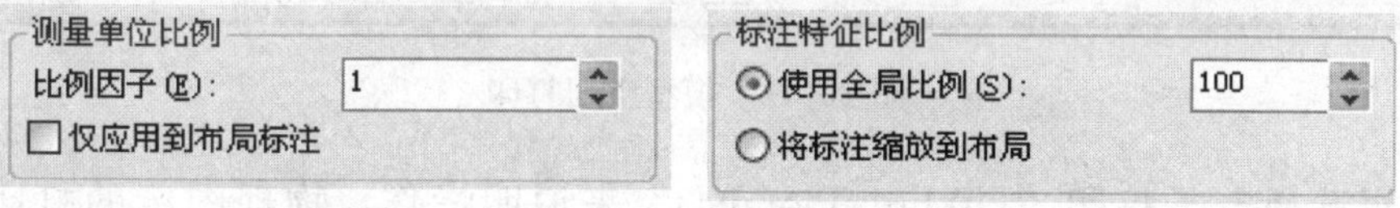

测量单位比例
比例因子(E):
1
仅应用到布局标注
标注特征比例
使用全局比例(S):
100
将标注缩放到布局

图 10-9　“dim100”的测量比例与标注比例

测量单位比例
比例因子(E):
0.5
仅应用到布局标注
标注特征比例
使用全局比例(S):
100
将标注缩放到布局

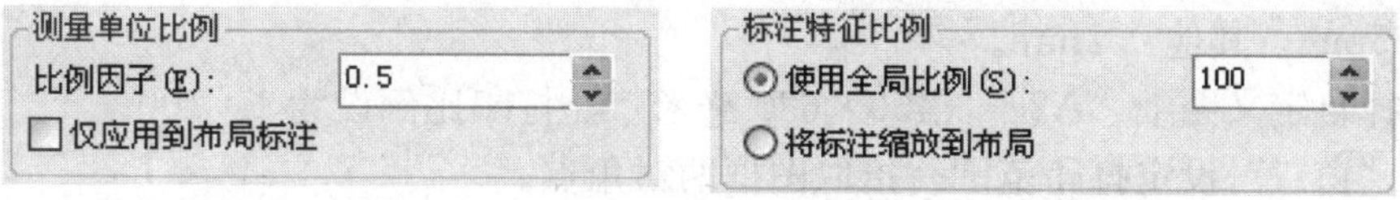

图 10-10　“dim50”的测量比例与标注比例

测量单位比例
比例因子(E):
0.2
仅应用到布局标注
标注特征比例
使用全局比例(S):
100
将标注缩放到布局

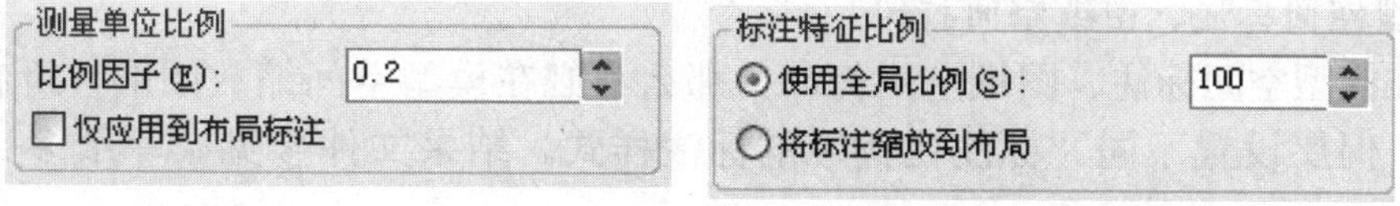

图 10-11　“dim20”的测量比例与标注比例

接下来分别以“dim100”样式标注剖面图，以“dim50”样式标注老虎窗，以“dim20”样式标注详图。

(3) 插入图框并填写标题栏等。以缩放比例 100 插入 A2 图框，填写标题栏、图名等，注意文字高度放大 100 倍，如要求打印字高 5mm，应指定高度为 5×100=500。

(4) 打印。参照图 10-12 进行打印设置。

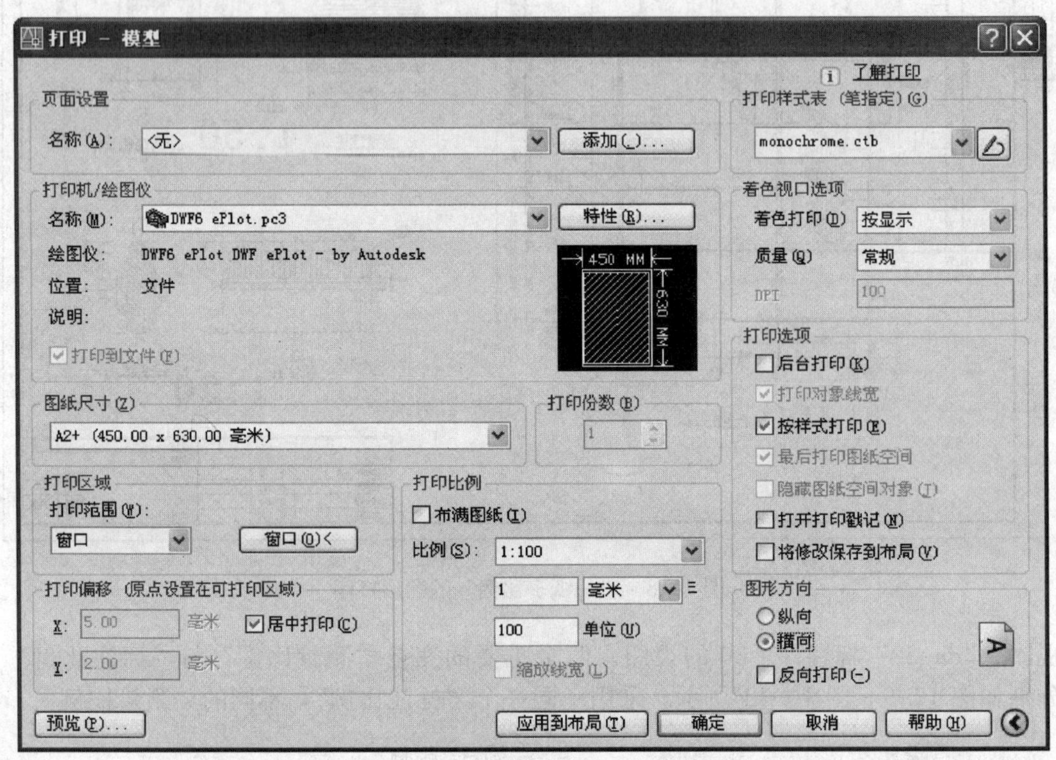

图 10-12 模型空间打印

1) 这里选择电子打印“DWF6 ePlot.pc3”来说明操作，物理图纸的打印操作与此相同。

2) 选择黑白打印样式表“monochrom.ctb”，修改样式表，设置白色、黄色为 0.5mm，洋红为 0.35mm，其他 0.2mm。

3) 选择自定义图纸“A2+ (450×630 毫米)”，打印比例设为 1∶100。

4) 以“窗口”设定打印范围，拾取图框两对角点。

5) 设置“居中”、“横向”打印图形。

设置完成后点击“预览”，显示如图 10-8 所示。

2. 模型空间标注、图纸空间打印

如果在模型空间标注、图纸空间打印，那么不必在模型空间缩放图形，所有图形均按 1∶1绘制，但要设置不同“标注比例”的标注样式。结果文件参见“一纸多比例打印_2.dwg”。

(1) 绘图。按 1∶1 绘制所有视图，即剖面、老虎窗、详图均按 1∶1 绘制，绘制完成的图形参见“实例 10-2.dwg”。

(2) 设置标注样式。这里考虑3种不同的“标注比例”，同一个“测量比例”，如图10-13～图10-15所示。

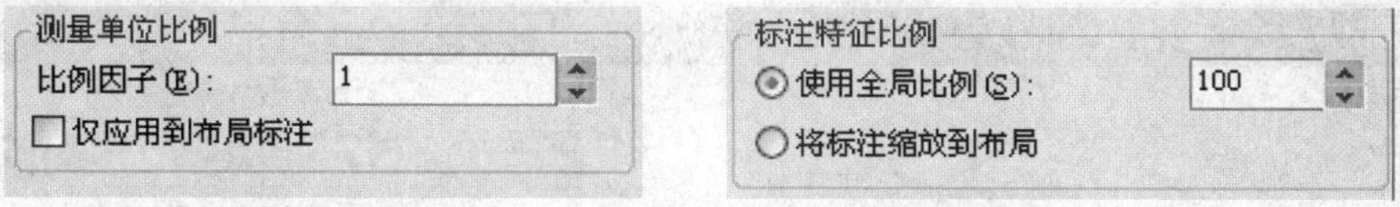

图10-13 “dim100”的测量比例与标注比例

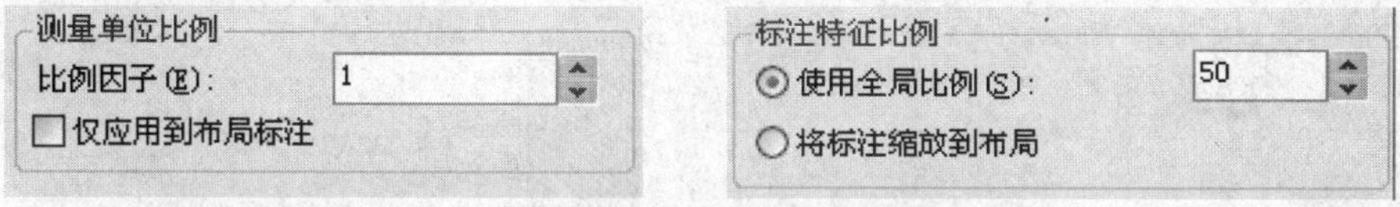

图10-14 “dim50”的测量比例与标注比例

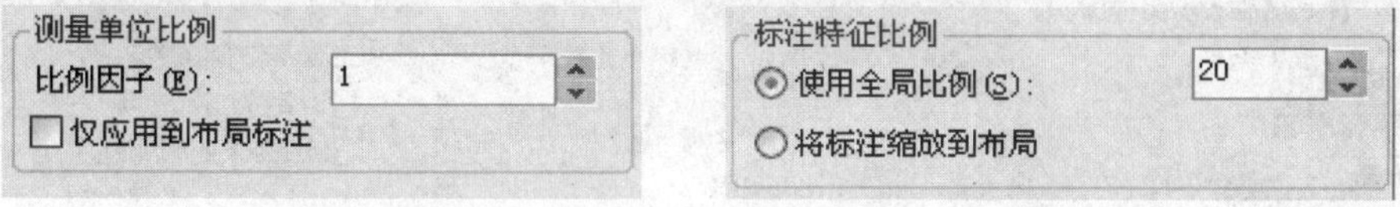

图10-15 “dim20”的测量比例与标注比例

(3) 标注尺寸。在模型空间分别以样式“dim100”标注剖面图尺寸、样式“dim50”标注老虎窗尺寸、样式“dim20”标注详图尺寸。

(4) 创建布局，按以下步骤进行。

1) 右击“布局1”，改名为“1-1剖面图”。

2) 单击“1-1剖面图”，创建一个单视口默认布局。

3) 右击“1-1剖面图”，选择“页面设置管理器”，显示对话框如图10-16所示。

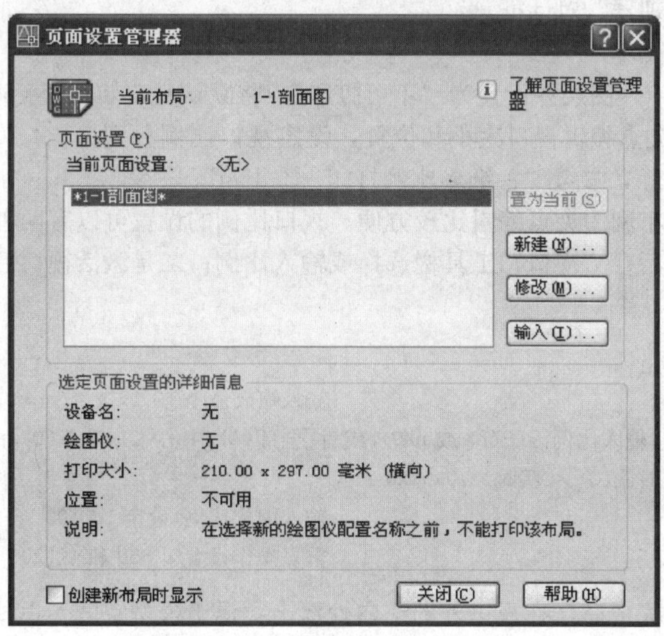

图10-16 “页面设置管理器”对话框

4）单击“修改”，显示“页面设置—1-1 剖面图”对话框，参照图 10-17 进行设置。修改打印样式表，设置白色、黄色为 0.5mm，洋红为 0.35mm，其他 0.2mm。

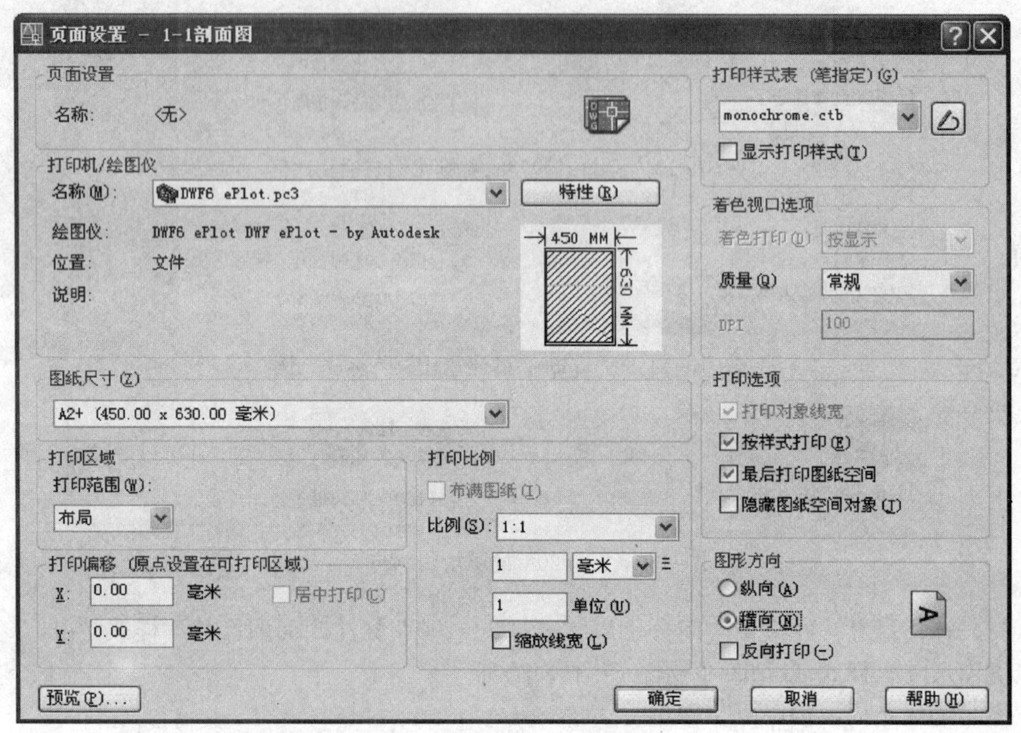

图 10-17 “页面设置—1-1 剖面图”对话框

5）单击“确定”按钮，关闭“页面设置—1-1 剖面图”对话框；单击“关闭”按钮，关闭“页面设置管理器”对话框。

6）插入 A2 图框。

7）新建“vport”图层并设置为“不可打印”，将默认视口转移至 vport 层，并复制得到 3 个视口，再进行夹点编辑视口大小和位置，设定视口比例分别为 1∶100、1∶50、1∶20，结果如图 10-18 所示，参考“一纸多比例打印 _ 2. dwg”。

视口位置和大小利用夹点编辑比较方便。视口比例的设置可以有两种方法：一是激活视口（视口内双击）后在“视口”工具栏选择或输入比例；二是激活视口后，通过如下所示命令行进行操作。

命令：z

zoom ；输入缩放命令

指定窗口的角点，输入比例因子(nX 或 nXP)，或者[全部(A)/中心(C)/动态(D)/范围(E)/上一个(P)/比例(S)/窗口(W)/对象(O)]<实时>：0.01xp

；输入缩放比例，设定 1∶100

…… ；重复操作设置 1∶50 和 1∶20

视口比例设置完成后，在视口外的空白处双击，退出模型空间，返回图纸空间。

8）选择视口边框右键单击鼠标，在“快捷菜单”中选择“显示锁定”→“是”。

9）打印预览，观察页面布置情况，满意后保存文件。

10）布局视口设置完成后，打印布局就非常简单了，单击“标准”工具栏打印按钮，显示“打印”对话框，如图 10-19 所示，单击“确定”开始打印。

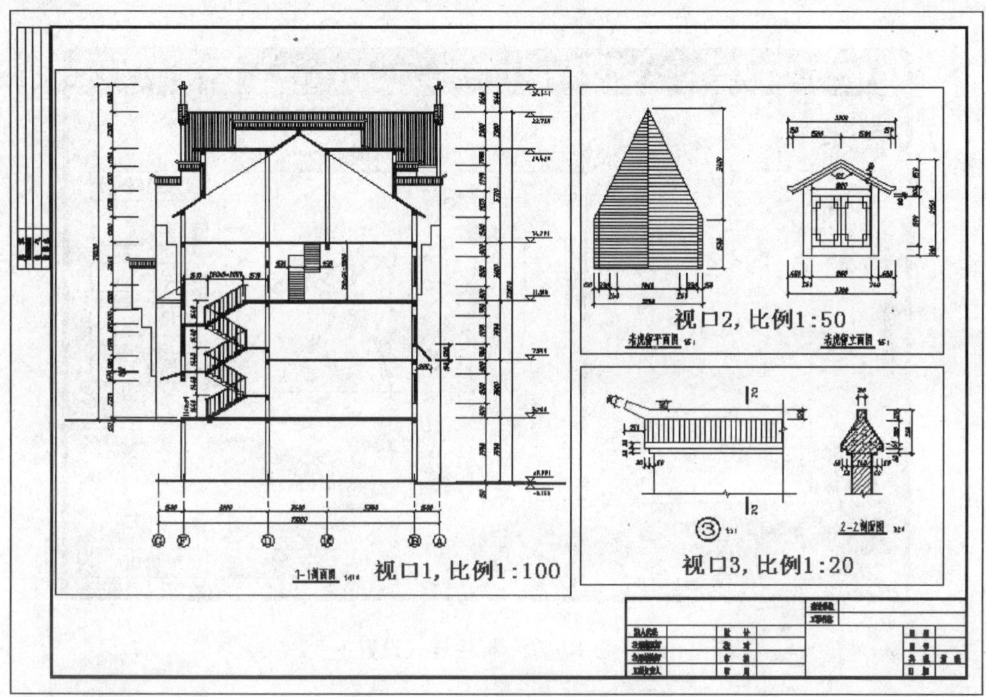

图 10-18　布局视口设置

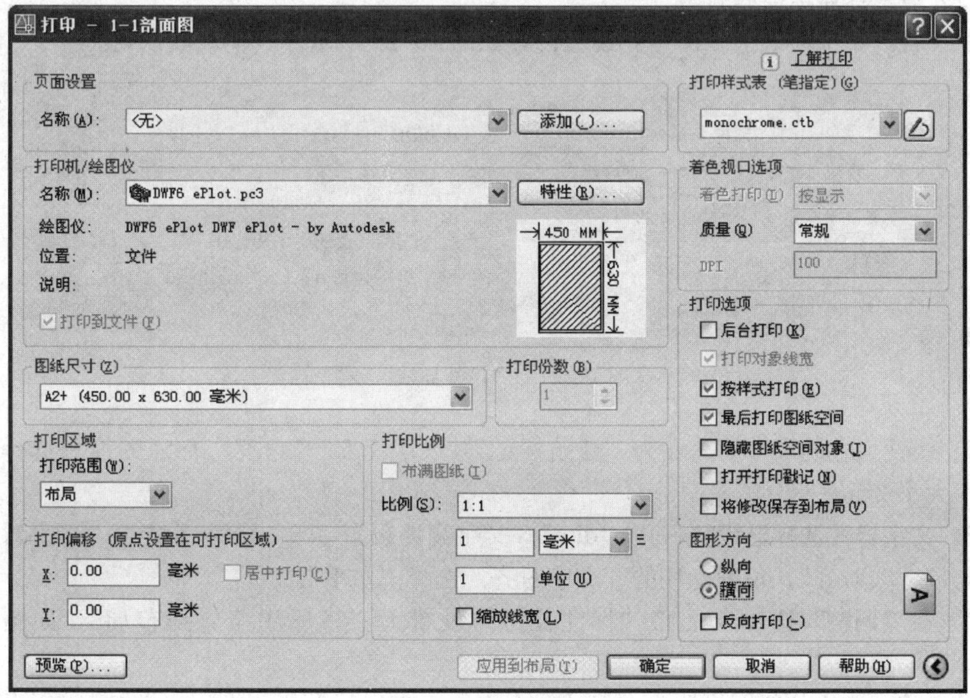

图 10-19　打印布局

3. 图纸空间标注、图纸空间打印

对于“一纸多比例”的图形，在图纸空间标注图纸空间打印是一种简单的方法，只要1∶1绘制好所有图形（参见实例 10-2.dwg），设置一个标注样式即可，如图 10-20 所示。

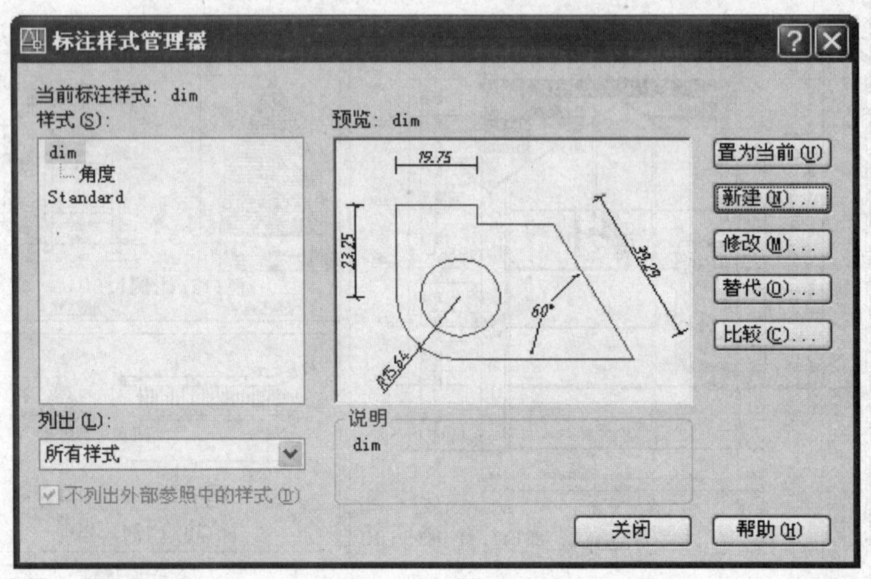

图 10-20 标注样式设置

打开“实例 10-2.dwg”文件，按以下操作。

(1) 设置标注标注样式。

1) “直线”选项卡上“尺寸界线”设置如图 10-21 所示，其他取默认值。

尺寸界线
颜色(R)：ByBlock
尺寸界线 1(I)：ByBlock
尺寸界线 2(T)：ByBlock
线宽(W)：ByBlock
隐藏：尺寸界线 1(1) 尺寸界线 2(2)
超出尺寸线(X)：2
起点偏移量(F)：3
固定长度的尺寸界线(O)
长度(E)：8

图 10-21 “尺寸界线”设置

2) 线性尺寸的尺寸箭头设为“建筑标记”，大小 1.5；“角度”标注的箭头选择“实心闭合”大小 2.5。

3) 文字样式选择已设置好的“dim”，文字高度设置 3.5，线性标注的“文字对齐”选择“与尺寸线对齐”，角度标注的“文字对齐”选择“水平”。

4) 在“调整”选项卡上将“标注比例”设置为“将标注缩放到布局”，如图 10-22 所示。

这里将“文字位置”设置为“尺寸线上方，不带引线”，目的是使用夹点编辑调整尺寸文字位置时，尺寸线位置固定不动，也不添加引出线。

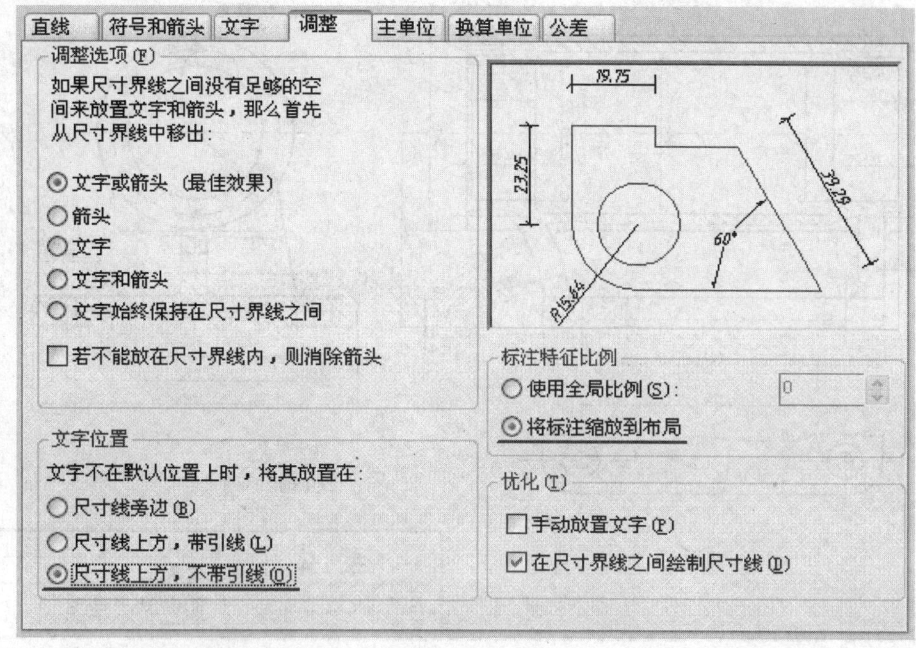

图 10-22　标注比例设置

(2) 创建布局视口，方法同前。

(3) 标注尺寸。以相同的样式“dim”标注不同比例的视图，要注意的是标注时一定要捕捉到模型空间对象，以便系统自动缩放标注。否则标注出的尺寸是纸面的大小，而不是模型空间对象的大小。

(4) 标注标高。插入标高属性块，这里无需放大，1∶1 插入即可。

(5) 标注其他。包括图名、标题栏等。

(6) 打印布局。

结果文件参见“一纸多比例打印 _ 3. dwg”。

【实例 10-3】 分别在模型空间与图纸空间打印泵体三视图

如图 10-23 所示，要求以 A4 图幅 1∶2 打印。

这是一个单比例的图形。各图形具有同一比例时，在模型空间或图纸空间进行标注都比较方便，“实例 10-3. dwg”已在模型空间标注完毕，并插入了标准 A4 图框。下面分两种方式进行打印操作。

1. 模型空间打印

操作过程要点说明如下。

(1) 打开“实例 10-3. dwg”文件。查看图层属性设置可知，线型、线宽已设置好了，打印时只需选择黑白打印样式表，按默认“使用对象线宽”即可。打印线型与线宽还可以通过打印样式表控制，这种方式将在后面“图纸空间打印”中加以说明。

(2) 启动“打印”对话框，如图 10-24 所示。按如下设置：

1) 选择电子打印“DWF6 ePlot. pc3”。

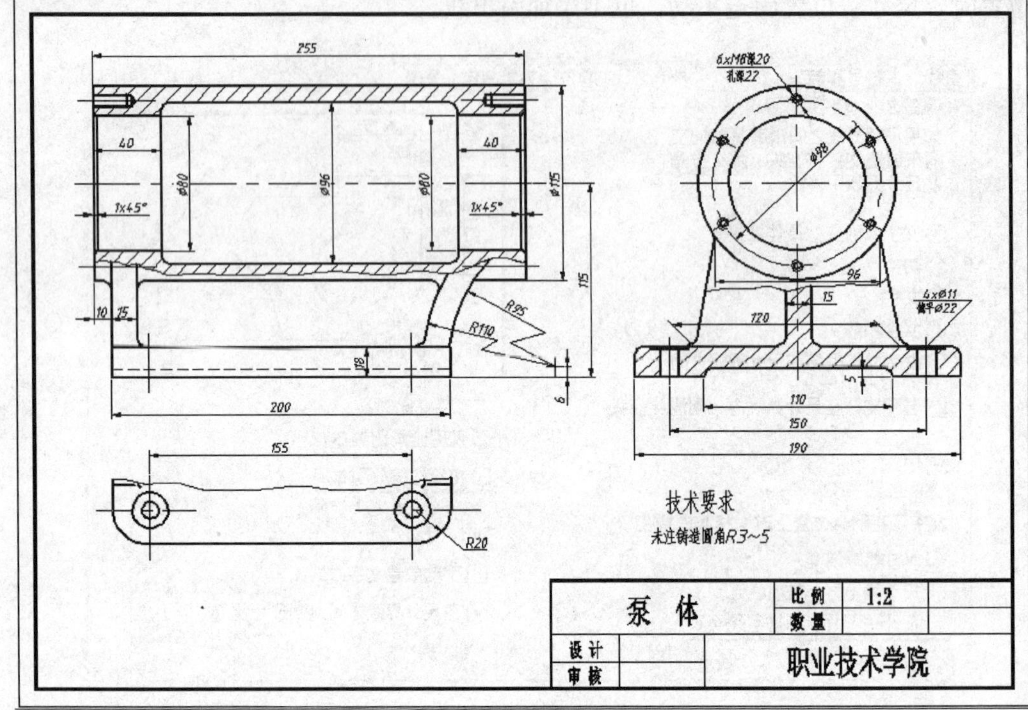

图 10-23 泵体三视图

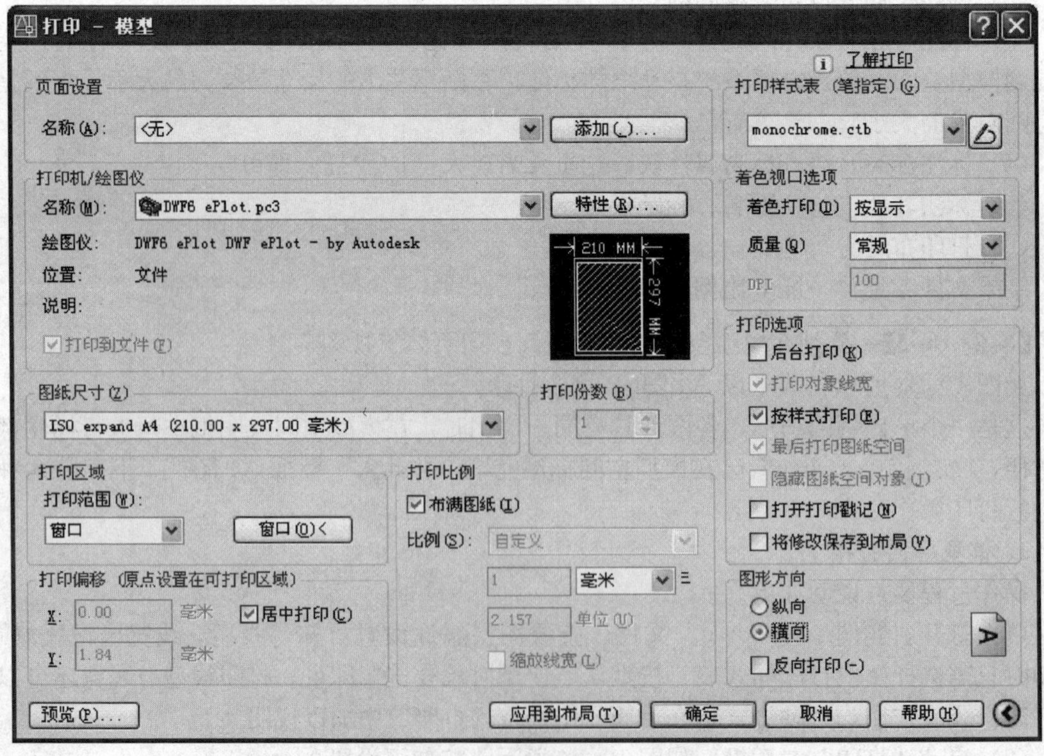

图 10-24 “打印一模型”对话框

2）选择标准“A4（210×297 毫米）”图纸。

3）打印区域选择“窗口”，拾取图框两对角点定义打印区域，勾选“居中打印”。

4）打印比例设置为“布满图纸”（这时打印的图纸是不标准的，对于比例要求不太严格的情况可以这样做），图形打印方向选择“横向”。

可以看到实际打印比例为 1∶2.157 而不是 1∶2，如果选择 1∶2 打印，由于打印机的限制，不能打印到图纸边界，所以 A4 图框将不能完整打印。

为了打印标准 A4 图框 1∶2 比例的图纸，需要自定义图纸尺寸（参照实例 10-1）。对于电子打印，可以设置零打印边距以便打印出标准图框，物理打印机一般是不能零边距打印的。

5）选择“monochrome.ctb”黑白打印样式表。

6）单击“预览”按钮观察打印效果，回车返回“打印”对话框。

（3）设置完毕且预览效果满意时，单击“确定”进行打印。

2. 图纸空间打印

操作过程要点说明如下。

（1）新建“视口”层，设为不可打印。

（2）将所有图层的线宽属性修改为“默认”，此操作的目的是学习编辑打印样式表，利用颜色控制线宽的方法。当然，不修改线宽，按打印样式默认的“使用对象线宽”同样打印出标准图形。

（3）单击“布局 1”标签，在右键快捷菜单中选择“重命名”，标签名修改为“A4”。

（4）右键单击“A4”标签，选择“页面设置管理器”，显示对话框如图 10-25 所示。

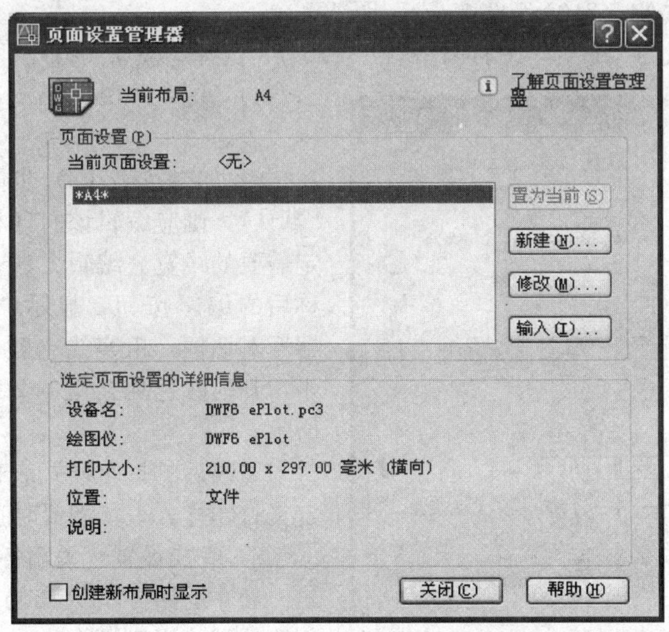

图 10-25　“页面设置管理器”对话框

（5）单击“修改”按钮，参照图 10-26 按以下操作设置 A4 页面：

1）选择电子打印“DWF6 ePlot.pc3”，单击名称后“特性”，显示如图 10-27 所示对话

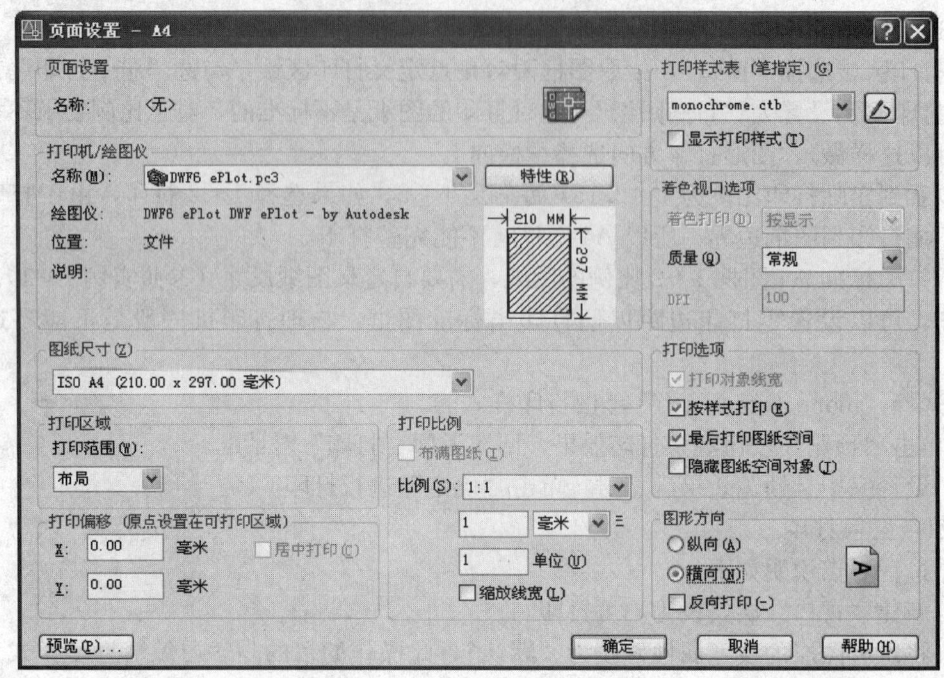

图 10-26 “页面设置－A4”对话框

框。按图示选择需要修改的项目，单击“修改”显示如图 10-28 所示对话框，修改边距为 0，单击“下一步”，单击“完成”按钮，单击“确定”按钮返回“页面设置”对话框。

2）选择标准“A4（210×297 毫米）”图纸。

3）打印区域设为“布局”，打印比例设为 1∶1，选择“横向”打印。

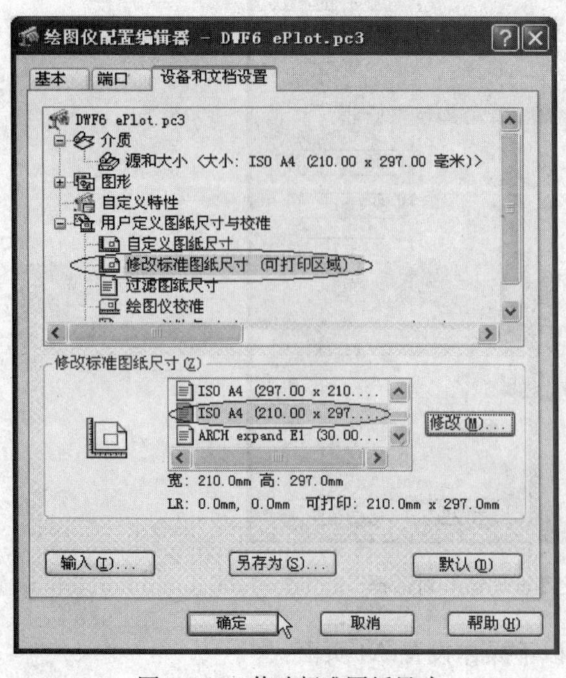

图 10-27 修改标准图纸尺寸

4）选择“monochrome.ctb”黑白打印样式表。

5）如果按第（2）步修改了线宽属性为“默认”，则应编辑该打印样式表，按颜色指定需要的线宽。编辑方法是：单击样式表名称后的编辑按钮，显示“打印样式表编辑器”对话框，粗实线（颜色 7）设为 0.6 毫米，其他颜色均指定 0.2 毫米，如图 10-29 所示。

修改后的打印样式表也可以保存作为自定义打印样式表，需要时直接选用。

6）完成设置，关闭各对话框。

（6）返回“A4”布局页面，将系统自动创建的默认视口删除。

（7）单击“视口”工具栏上“显示视口对话框”按钮，打开“视口”对话框如图 10-30所示。

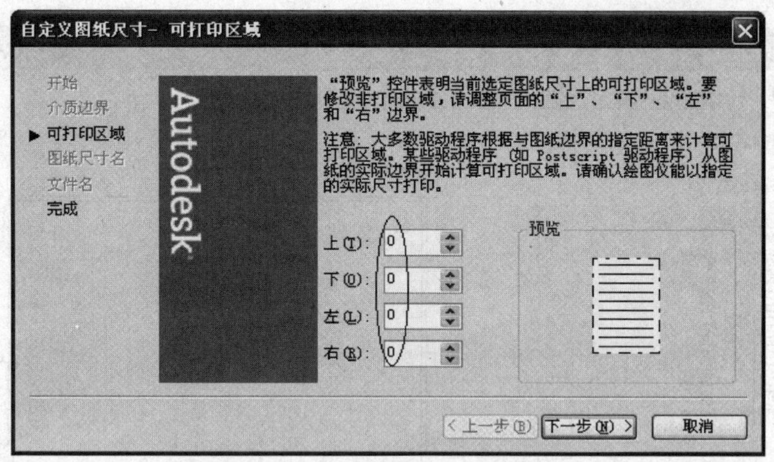

图 10-28　自定义可打印区域图纸尺寸

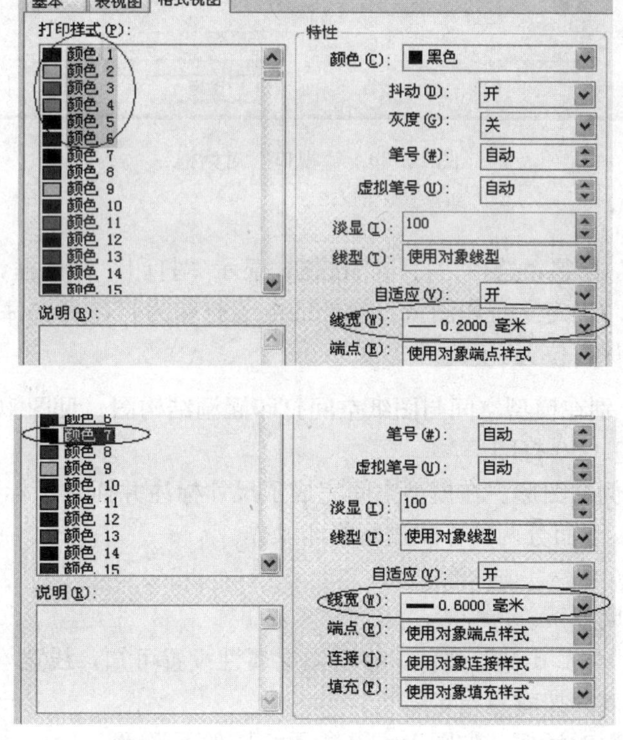

图 10-29　编辑打印样式表

(8) 选择"单个"标准视口，单击"确定"按钮，命令行显示如下：

命令：_vports

指定第一个角点或[布满(F)]<布满>：　　　　　;回车，使视口布满可打印区域

正在重生成布局

正在重生成模型

(9) 在视口内双击进入模型空间，设置视口比例为 1∶2，在视口外双击返回图纸空间，

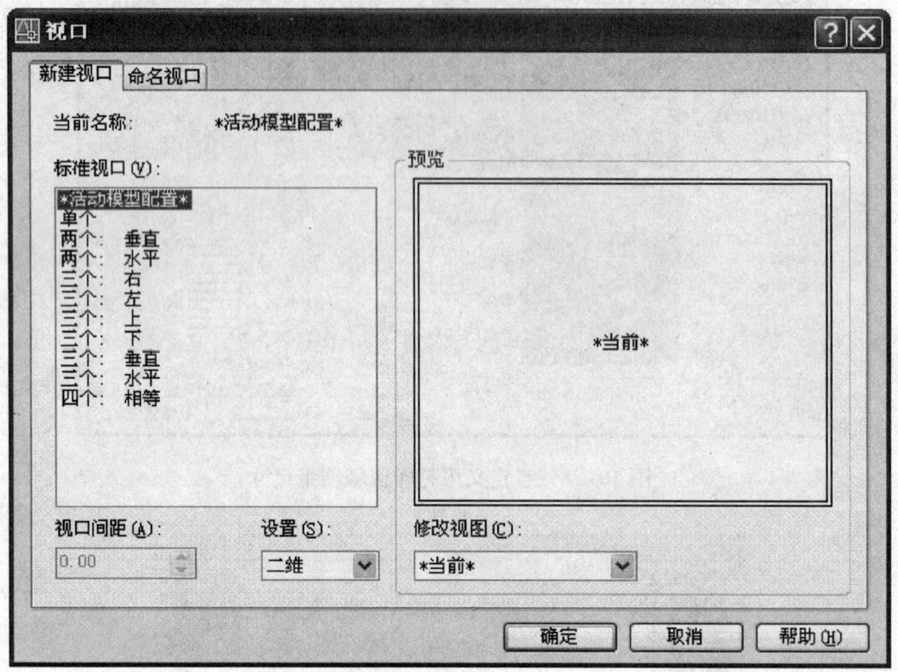

图 10-30 “视口”对话框

锁定视口。

(10) 右击“A4”标签，选择“打印”按钮，显示“打印”对话框，单击“预览”按钮观察打印效果或单击“确定”打印图纸。此处的电子打印为打印到文件（*.dwf)，系统要求指定文件名与文件保存位置。

【实例 10-4】 分别在模型空间与图纸空间打印涵洞结构图（见图 10-31)

要求以 A3 图幅 1∶50 打印。

这也是一个单比例的图形。在模型空间完成了尺寸标注并插入了标准 A3 图框，见“实例 10-4.dwg”文件。下面分两种方式进行打印操作。

1. 模型空间打印

操作过程要点说明如下。

(1) 打开“实例 10-4.dwg”文件。查看图层属性设置可知，线宽均设置为“默认”，这时必须修改打印样式表，按颜色指定线宽。

(2) 启动“打印”对话框，如图 10-32 所示，按如下设置：

1) 选择电子打印“DWF6 ePlot.pc3”。

2) 选择自定义图纸“A3+（330×450 毫米)”。

3) 打印区域选择“窗口”，拾取图框两对角点定义打印区域，勾选“居中打印”。

4) 打印比例选择 1∶50，图形打印方向选择“横向”。

5) 选择“monochrome.ctb”黑白打印样式表，并参考图 10-29 进行修改。

6) 单击“预览”按钮观察打印效果，回车可返回“打印”对话框。

(3) 设置完毕且预览效果满意时，单击“确定”按钮进行打印。

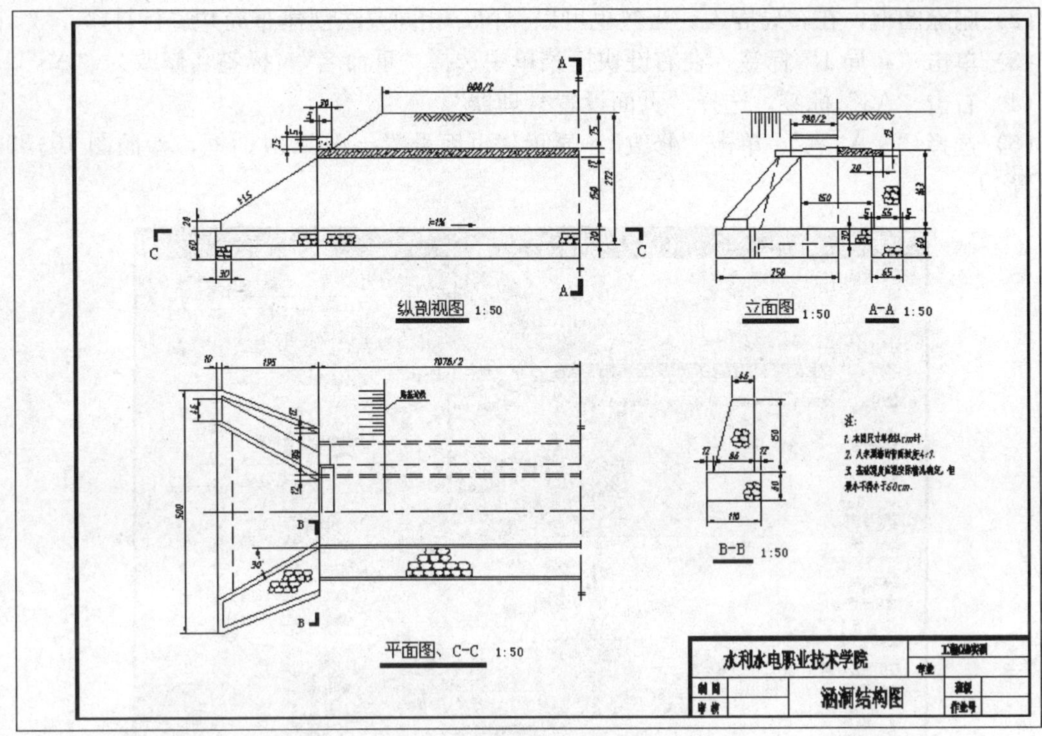

图 10-31　涵洞结构图

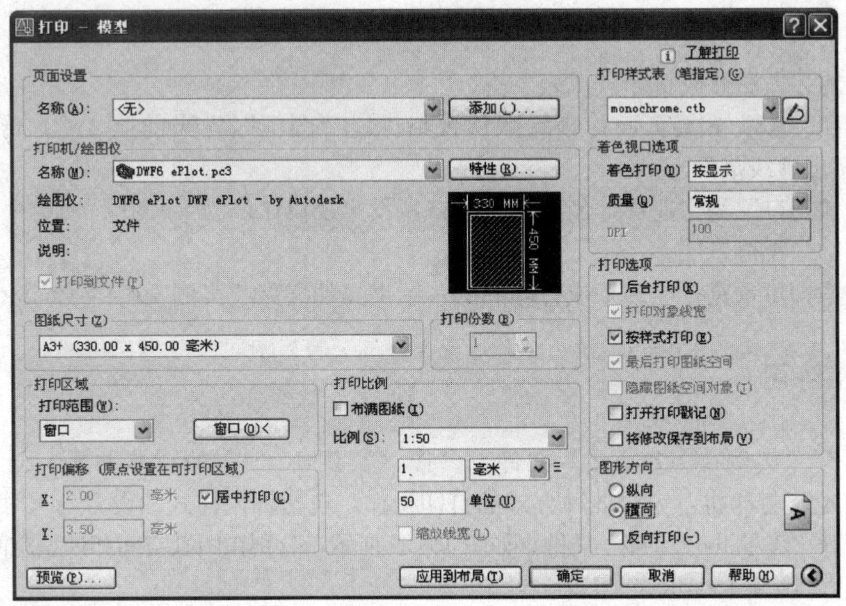

图 10-32　“打印一模型”对话框

2. 图纸空间打印

操作过程要点说明如下。

(1) 新建“视口”层。

(2) 删除图框，在布局插入。当然也可以保留，相同方法创建布局并进行打印。

(3) 单击“布局 1”标签，在右键快捷菜单中选择“重命名”，标签名修改为“A3”。

(4) 右击“A3”标签，选择“页面设置管理器”。

(5) 选择“＊A3＊”，单击“修改”，显示“页面设置－A3”对话框，参照图 10-33 进行设置。

图 10-33 “页面设置－A3”对话框

(6) 按前述方法修改打印样式表。

(7) 返回“A3”布局页面，删除默认视口。以“图框”为当前层 1∶1 插入 A3 图框（注意不要超出虚线范围）。

(8) 以“视口”为当前层，创建单一视口，设定视口比例为 1∶50 后锁定视口。切换当前层后，冻结“视口”层。

设置完毕即可预览打印效果或打印图纸，结果文件参见“实例 10-4_final.dwg”。

10.3 自主练习

(1) 打开“实例 10-2.dwg”文件，参照“实例 10-2”的操作过程，选择“DWF6 ePlot.pc3”电子打印机，完成 3 种方式的打印操作，包括标注样式的设置与尺寸标注。

(2) 打开“练习 10-2.dwg”文件，如图 10-34 所示，分别在图纸空间和模型空间打印出图。要求：A2 图幅 1∶100 打印。

(3) 打开“练习 10-3.dwg”文件，如图 10-35 所示，分别在图纸空间和模型空间打印出图。要求：A4 图幅 1∶1 打印。

(4) 打开“练习 10-4.dwg”文件，如图 10-36 所示，分别在图纸空间和模型空间打印出图。要求：A3 图幅 1∶100 打印。

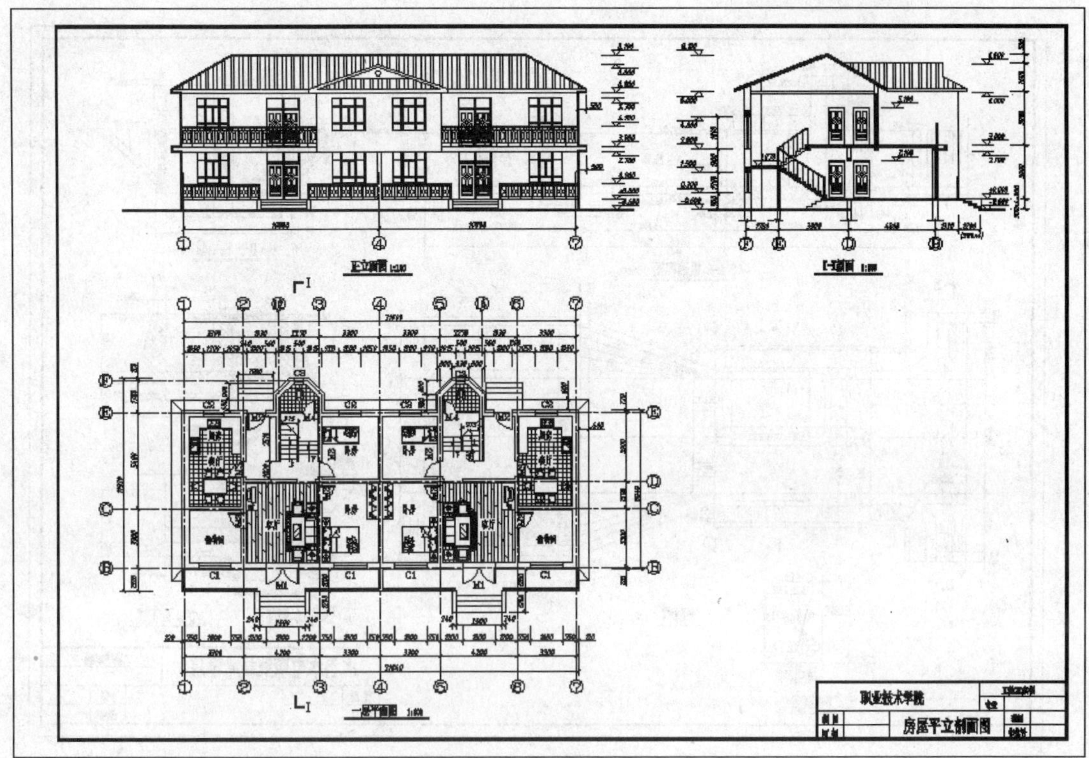

图 10-34　练习 10-2. dwg

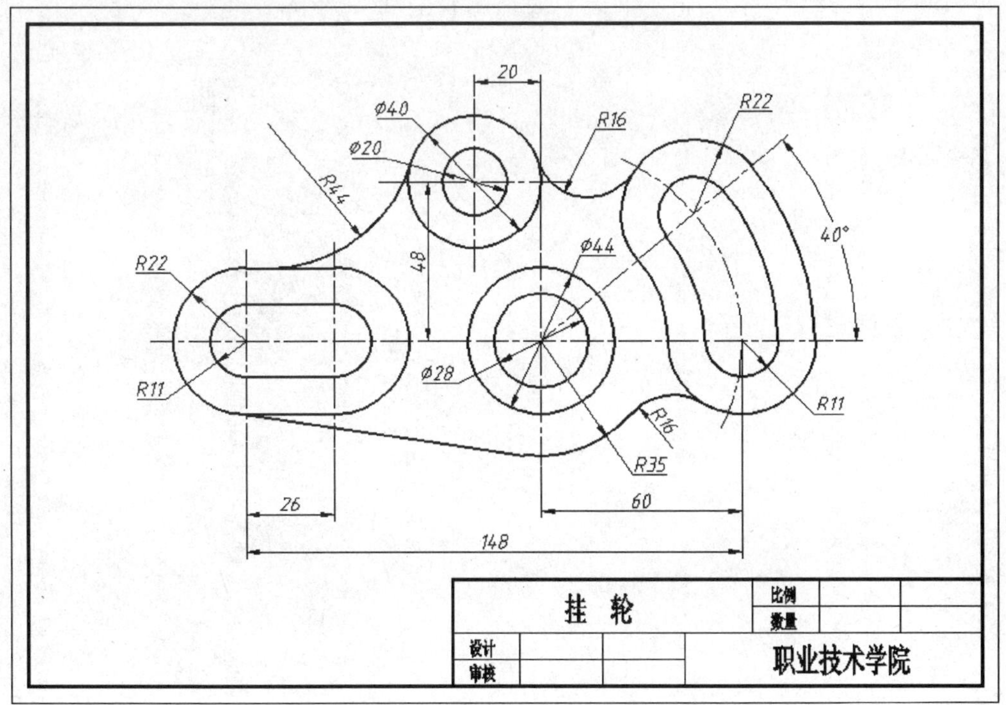

图 10-35　练习 10-3. dwg

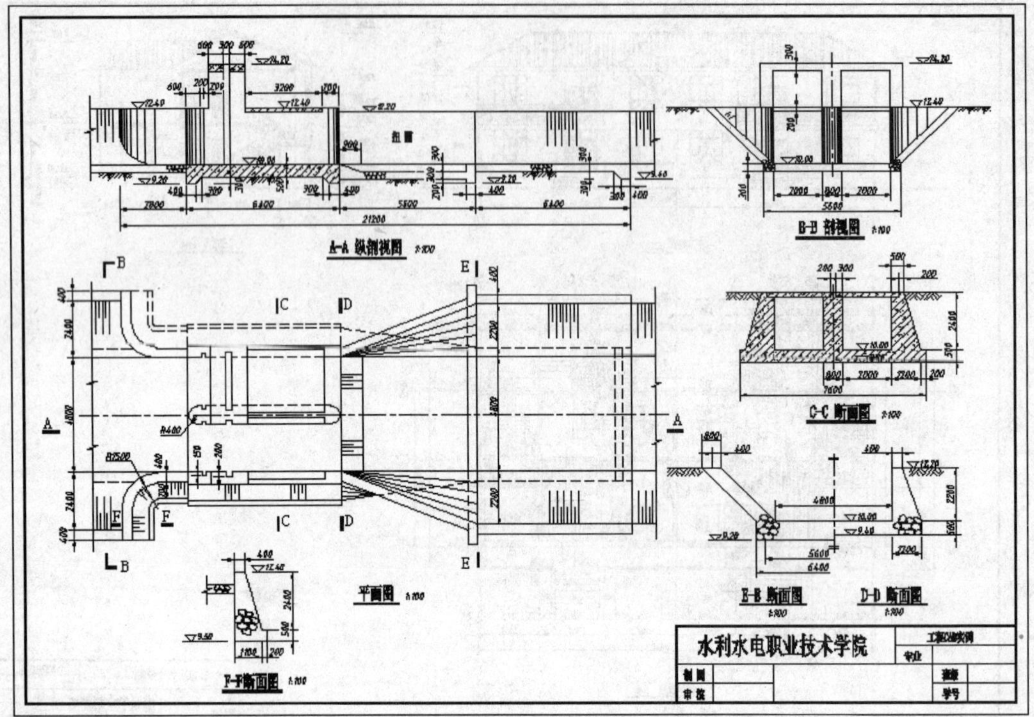

图 10-36 练习 10-4. dwg

参 考 文 献

[1] 程绪琦，王建华，梁珣，张民久，高润泉. AutoCAD2006 中文版标准教程 [M]. 北京：电子工业出版社，2005.

[2] 曾令宜. AutoCAD2006 工程绘图教程 [M]. 北京：高等教育出版社，2007.

[3] 李智辉，张灶法. AutoCAD 建筑制图习题集锦 [M]. 北京：清华大学出版社，2005.

[4] 老虎工作室，刘培晨，戈升涛，王玉敏. AutoCAD 建筑与土木工程制图习题精解 [M]. 北京：人民邮电出版社，2002.

[5] GB/T 50001—2001 房屋建筑制图统一标准. 北京：中国计划出版社，2002.